n Schubert

sikalische Effekte

physik-
verlag

Joachim Schubert

Physikalische Effekte

Anwendungen
Beschreibungen
Tabellen

physik-verlag

Weinheim · 1982

Dipl.-Phys. Dr. Joachim Schubert
Siemens AG
Zentralstelle für Information
Wittelsbacherplatz 2
D-8000 München 2

Dieses Buch enthält 50 Tabellen

CIP-Kurztitelaufnahme der Deutschen Bibliothek
Schubert, Joachim:
Physikalische Effekte : Anwendungen; Beschreibungen;
Tab. / Joachim Schubert. – Weinheim :
Physik-Verlag, 1982.
ISBN 3-87664-053-9

Einbandgestaltung: Dorothea Flügel
Satz: Rolf Unger, D-6940 Weinheim
Druck: betz-druck GmbH, D-6100 Darmstadt
Buchbinderei: Hollmann GmbH + Co. KG, 6100 Darmstadt
Printed in the Federal Republic of Germany

Vorwort

Es gibt sehr viele physikalische Erscheinungen oder Phänomene. Jedes Experiment dient dazu, sie besser als bisher zu verstehen. In wichtigen Fällen wird das Ergebnis eines Experiments als „Effekt“ bezeichnet. Häufig sind diese Effekte dann auch nach dem Namen ihrer Entdecker benannt. Die große Menge von Effekten, Phänomenen oder Versuchen ist über die Literatur verstreut und kaum überschaubar.

Ziel des Buches ist es, die wichtigsten Effekte der Physik zu erfassen sowie lexikalisch kurz – und ohne Formeln – zu beschreiben. Die Literaturhinweise erleichtern den Zugang zur Originalliteratur, zu Lehrbüchern und weiterführenden Monographien. Solche Angaben fehlen meist in den Lehrbüchern, in neuen Lexika fehlen sie fast immer. Viele Effekte findet man in Enzyklopädien überhaupt nicht – oder nicht mehr.

Soweit möglich und sinnvoll wurden die Effekte in Tabellen zusammengefaßt und nach dem Schema: „Ursache – Wirkung – Name“ knapp beschrieben. Der lexikalische Teil bietet weitergehende Informationen, die Literatur und Angaben zur Person der Entdecker. Querverweise zu den Tabellen bieten die Möglichkeit, das „Umfeld“ eines Effektes kennenzulernen. In einem Anhang zum lexikalischen Teil sind Effekte aus Randgebieten beschrieben und solche, die heute keine wesentliche Bedeutung mehr haben, weil sie z. B. an bestimmte früher gebräuchliche Bauelemente (wie Röhren) gebunden sind. Bei einigen Effekten ist eine Zuordnung nicht eindeutig durchführbar. Das Schema „Ursache – Wirkung – Name“ bereitet hier Probleme. Bei diesen Effekten fehlt der Hinweis auf eine Tabelle.

Tabellen, Texte, Literaturverzeichnis sowie die kurze Chronologie bieten

- eine Übersicht über mehr als 350 Effekte, deren unterschiedliche Bezeichnungen und verwandtschaftliche Beziehungen zu anderen Effekten,
- Hinweise auf weiterführende Literatur,
- eine historische Einordnung der Effekte,
- persönliche Daten der Entdecker.

Allen, die zum Gelingen dieses Buches beigetragen haben, sei an dieser Stelle herzlich gedankt: Herrn Dr. H. Rechenberg, MPI für Physik, München, für seine Hilfe in historischen Fragen; Herrn Prof. K. Bethge, Frankfurt, und Herrn Prof. A. Scharmann, Gießen, für ihre konstruktive Kritik, Frau Röser, Neckargemünd, die das ganze Manuskript kritisch gelesen sowie die Astronomie ergänzt hat, und Frau R. Hoffmann, die das sich ständig erweiternde Manuskript immer wieder auf den neuesten Stand brachte.

Stellvertretend für die vielen Kollegen im Hause, die durch die Diskussion zum Gelingen beigetragen haben, sei Herrn Prof. Dr. W. Heywang und Herrn Dr. G. Winstel gedankt, die mich ermutigt haben, dieses Buchprojekt durchzuführen, sowie Herrn Dr. A. Großmann, dem Leiter der Zentralstelle für Information der Siemens AG, für die wohlwollende Unterstützung. Dem Physik-Verlag, insbesondere Herrn Priv.-Doz. Dr. H. F. Ebel, danke ich für die gute Zusammenarbeit und für das Eingehen auf meine Wünsche.

München, im Januar 1982 J. Schubert

Inhalt

Einleitung

Was sind physikalische Effekte?

Unter Effekt (lat. effectus: Wirkung, Erfolg) verstand man früher Leistung (effect, Coriolis 1827); so ist z. B. Strom-Effekt dasselbe wie Leistung des elektrischen Stromes. Die Bezeichnung Nutzeffekt hat die Bedeutung von Wirkungsgrad. Manchmal verstand man unter Effekt auch eine Wirkung: z. B. Glashauswirkung oder Glashauseffekt. Heute ist Wirkung eindeutig definiert als physikalische Größe der Dimension Energie mal Zeit oder Impuls mal Länge. Die Wirkung hat fundamentale Bedeutung für die ganze Mikrophysik, die durch das Plancksche Wirkungsquantum wesentlich bestimmt wird.

In den letzten Jahrzehnten hat sich für spezielle physikalische Erscheinungen die Bezeichnung Effekt eingebürgert. Beim Vergleich alter und neuer Physikbücher fällt eine starke Wandlung im Sprachgebrauch auf. An die Stelle der synonym verwendeten Begriffe Phänomen, Prinzip, tritt seit Anfang dieses Jahrhunderts zunehmend der Begriff Effekt. Ebenso werden „Experiment" und „Versuch" in stärkerem Maße als früher synonym zu Effekt verwandt.

In der Physik nimmt das Experiment eine zentrale Stelle ein. Jede Hypothese und jede Theorie wird durch das Experiment auf ihren Wahrheitsgehalt geprüft.

Physikalische Effekte sind Antworten der Natur auf spezielle Experimente. Im einfachsten Fall wird eine physikalische Größe in Abhängigkeit von einer anderen gemessen: z. B. die Temperaturabhängigkeit eines Ohmschen Widerstandes oder die bei Stromfluß entstehende Wärme. Man versucht meist, eine möglichst einfache Gesetzmäßigkeit für den Zusammenhang der Meßgrößen zu finden. Die direkte Proportionalität oder die quadratische Abhängigkeit der Meßgrößen voneinander kennzeichnet die einfachen Effekte und ihre theoretische Erklärung.

Bei einer großen Gruppe von Effekten lassen sich Ursache und Wirkung vertauschen. Man erhält so Paare von Umkehr-Effekten, wie z. B. Seebeck- und Peltier-Effekt, Wiedemann- und Wertheim-Effekt, Dufour- und Ludwig-Soret-Effekt usw. Diesen Effekten liegt meist eine einfache Proportionalität zwischen den Meßgrößen zugrunde. Die Bezeichnung inverse Effekte ist ebenfalls üblich.

In der Literatur findet man auch die Bezeichnung „reziproke" und „nichtreziproke" Effekte. Der Joule-Effekt ist z. B. reziprok, weil die entstehende Wärme unabhängig ist von der Richtung des fließenden elektrischen Stromes, oder der Cotton-Mouton-Effekt, weil die magnetische Doppelbrechung unabhängig von der Ausbreitungsrichtung des Lichtes ist. Nicht-reziproke Effekte sind dagegen richtungsabhängig, wie z. B. der Faraday-Effekt.

Andere Effekte sind weder reziprok noch umkehrbar, wie z. B. der Hall-Effekt. Durch Anlegen der Hallspannung bei fließendem Steuerstrom läßt sich das zugehörige Magnetfeld nicht erzeugen.

Weiter gibt es „analoge" Effekte: Viele neue physikalische Erscheinungen lassen sich durch Analogie zu bekannten in einem ersten Schritt erklären. So läßt sich der elektrische Strom zunächst analog zu strömenden Flüssigkeiten deuten. Durch Analogie lassen sich die Ergebnisse der Schwingungsgleichung und der Wellengleichung vom rein mechanischen Fall z. B. auf die Optik oder elektromagnetische Schwingungen und Wellen prinzipiell übertragen. Die bestimmenden Größen müssen allerdings dann neu interpretiert werden. Ein Beispiel für analoge Effekte sind der Barkhausen- und der Portevin-LeChatelier-Effekt.

Schon in der klassischen Physik sind die Teilgebiete miteinander verflochten: Mechanische, thermische, elektrische, magnetische und optische Größen beeinflussen sich gegenseitig. Neuartige Effekte beruhen auf den Quanteneigenschaften der Materie, die im atomaren Bereich dominierend werden. Diese treten entweder direkt auf – makroskopische Quanten-Effekte wie Supraleitung und Suprafluidität (sog. Onnes-Effekte) – oder zeigen sich in Experimenten unter extremen Bedingungen, wie starken Magnetfeldern und tiefen Temperaturen (z. B. Einstein-deHaas-Effekt, Size-Effekte), oder sie ergeben sich beim Studium neuer Materialkombinationen. Wieder andere Effekte beweisen die quantenhafte Natur von Teilchen im atomaren Bereich.

Die beiden folgenden Tabellen (Tab. 1 und Tab. 2) geben einen groben Überblick über die verschiedenen Gruppen von Effekten.

In Tabelle 1 sind die „Klassischen Effekte" in einer Matrix angeordnet. Die Größen (mechanische, thermische, elektrische, magnetische und optische) sind u. U. alle voneinander abhängig. Nicht alle Felder sind besetzt. In der Matrix tauchen reziproke (inverse, Umkehr-)Effekte mehrfach auf, nicht-reziproke nur einmal.

Die Tabelle 2 versucht, die von den klassischen Meßgrößen ausgehenden Effekte mit den „Neuen Effekten", die auf den Quanteneigenschaften der Natur beruhen, zu koppeln. Die Fülle neuer Effekte ist in den großen Gruppen Atom- und Quanten-Effekte, Streu-Effekte usw. enthalten. Auch die klassischen Effekte finden ihre präzise Erklärung durch die Quanteneigenschaften der Materie. Gleichzeitig zeigt die Tabelle 2 wesentliche Schwerpunkte der physikalischen Forschung an den Hochschulen und in der Industrie.

Tabelle 1. „Klassische“ Effekte.

Abhängige Größen	Mechanische Größen	Thermische Größen	Elektrische Größen	Magnetische Größen	Optische Größen
Mechanische Größen	Mechanische Effekte, Strömungs-Effekte, Akustische Effekte	z. B. Nachwirkungs-Effekte	Elektrokinetische Effekte, Elektromechanische Effekte	Magnetomechanische Effekte, Gyromagnetische Effekte	Relativistische Effekte
Thermische Größen	Thermodynamische, Kinetische Effekte		Tieftemperatur-Effekte, Kreuz-Effekte, Elektrothermische Effekte	Magnetothermische Effekte	Thermooptische Effekte
Elektrische Größen	Elektrokinetische Effekte, Elektromechanische Effekte,	Elektrothermische Effekte, Kreuz-Effekte	Elektrische und Magnetische Effekte, Plasma-Effekte, Effekte in Elektrolyten, Stromleitungs-Effekte	Größen-Effekte, Size-Effekte	Photoelektrische Effekte
Magnetische Größen	Magnetomechanische Effekte, Gyromagnetische Effekte		Elektrische und Magnetische Effekte, Stromleitungseffekte		
Optische Größen	Optoakustische Effekte	Thermooptische Effekte	Elektrooptische Effekte	Magnetooptische Effekte	Optische Effekte

Tabelle 2. Beziehungen zwischen „Klassischen“ und „Neuen“ Effekten.

Größen	„Klassische“ Effekte		„Neue“ Effekte
Mechanische Größen Thermische Größen Elektrische Größen Magnetische Größen Optische Größen	Elektrische Effekte Magnetische Effekte Elektrolytische Effekte Elektrokinetische Effekte Elektromechanische Effekte Elektrothermische Effekte Elektrooptische Effekte Magnetomechanische Effekte Magnetooptische Effekte Mechanische Effekte Optische Effekte Strömungs-Effekte Stromleitungs-Effekte Thermodynam. Effekte Tieftemperatur Effekte	**Quanten-eigenschaften**	Atom- und Quanten-Effekte Streu-Effekte Kernphysikalische Effekte Plasma-Effekte Festkörper-Effekte Supraleitungs-Effekte

Im tabellarischen Teil (S. 99 – 126) werden die Effekte der Physik zunächst nach dem Schema „Ursache – Wirkung – Name“ identifiziert und in 36 Tabellen (Tab. 15 bis Tab. 50) Teilgebieten der Physik zugeordnet. Für jedes Teilgebiet wird ein Symbol, das aus bis zu drei fett gedruckten Buchstaben besteht, eingeführt. Die Symbole finden sich bei den Beschreibungen der einzelnen Effekte im lexikalischen Teil (S. 1 – 89) wieder. In einer Liste im hinteren Buchdeckel sind sie alphabetisch zusammengestellt und mit den Tabellen korreliert. Mit Hilfe dieser Liste kann der Leser leicht nachvollziehen, wie die Effekte in den Gesamtrahmen der Physik eingeordnet worden sind.

Ohne eine gründliche Kenntnis physikalischer Effekte kann es bei den Anwendungen in Technik und Wissenschaft keinen Fortschritt geben. Der Anwendung längst bekannter Effekte steht häufig ein Materialproblem entgegen. Ein Beispiel ist der Hall-Effekt, der jetzt, unter Verwendung moderner Halbleiter (der sog. III/V-Verbindungen), in immer größerem Umfang angewendet wird.

Aus diesem Grund sind auch ältere Effekte mit in das Buch aufgenommen worden, die nur in alten Lehrbüchern zu finden sind: sie warten auf moderne Anwendungen. Andere Effekte und Versuche lassen sich noch nicht im technischen Sinne anwenden. Sie bringen aber unser Verständnis voran und beeinflussen die Theorie. Hierher gehören vor allem die Astronomischen und Relativistischen Effekte sowie die Effekte der Quantenfeldtheorie.

Dazwischen gibt es alle Schattierungen zwischen Anwendungsnähe und Kuriosität.

Bei aller Zufälligkeit der Namensgebung bieten die physikalischen Effekte einen lebendigen und informativen Querschnitt durch die Physik, da sie in allen physikalischen Disziplinen anzutreffen sind.

Hinweise für den Leser

Die Effekte sind im *alphabetischen, lexikalischen Teil* (S. 1 – 89) ausführlich beschrieben. Auf die Bedeutung der fettgedruckten Symbole wurde bereits hingewiesen (S. XII).

Die *Tabellen* (S. 99 – 126) dienen zur raschen Orientierung; sie sind i. a. alphabetisch aufgebaut und enthalten die in ein Sachgebiet gehörigen Effekte. Die Zusammengehörigkeit kann hierbei innere physikalische Gründe haben, oder das Sachgebiet bildet lediglich eine formale Klammer.

Die *Literaturangaben* (z. B. [6]) beziehen sich auf Standardwerke, Monographien, Lehrbücher und Lexika. Die Original-Literatur war nicht in allen Fällen rekonstruierbar: In diesem Falle ist als Quelle meist ein Lehrbuch oder ein Lexikon angegeben (Literatur: S. 135 f.).

Historische Daten bei den älteren Effekten sind fast lückenlos angebbar; dies gilt nicht immer für „Nachkriegs"-Effekte und Lebensdaten ihrer Entdecker.

Eine Liste mit Abkürzungen, die im lexikalischen Teil verwendet werden, findet sich auf der folgenden Seite (S. XIV).

Liste der Abkürzungen

amerik.	amerikanisch
brit.	britisch
dän.	dänisch
dt.	deutsch
engl.	englisch
fr.	französisch
gr.	griechisch
ind.	indisch
ir.	irisch
it.	italienisch
jap.	japanisch
niederl.	niederländisch
norweg.	norwegisch
östr.	österreichisch
poln.	polnisch
rumän.	rumänisch
russ.	russisch
schott.	schottisch
schwed.	schwedisch
schweiz.	schweizerisch
ung.	ungarisch

Lexikalischer Teil

die zitierte Literatur findet sich auf S. 135 ff.

Abkühlungs-Effekt

(bei der Elektronenemission)

Die Energie, die dem Glühkörper bei Elektronenemission entzogen wird und sich in einer Abkühlung äußert, setzt sich aus zwei Teilen zusammen, der Austrittsarbeit der Elektronen und der kinetischen Energie, die sie nach dem Austritt aus dem Glühkörper noch haben.

Die Übereinstimmung zwischen der aus dem Abkühlungs-Effekt und der mit Hilfe des Richardsonschen Gesetzes berechneten Austrittsarbeit ist für Wolfram, für das die genauesten Messungen vorliegen, recht gut.

→ Richardson-Effekt, → Schrot-Effekt

WEHNELT, Artur Rudolph Berthold,
dt. Physiker, 4. 4. 1871 – 15. 2. 1944

Wehnelt, A., und Jentzsch, F., *Verh. Dtsch. Phys. Ges.* **10**, 605 (1908); *Ann. Phys.* **28**, 537 (1909)

Lit.: [50 Bd. IV, 4] [86]

Ablenk-Effekt → Lichtablenkung

Abschirm-Effekt (1919) S, EM

(Maxwell-Lippmann-Effekt)

Wird die Leitfähigkeit in einem Körper unendlich groß, so bleibt aufgrund der zweiten Maxwellschen Gleichung die magnetische Induktion konstant: Jede Änderung eines äußeren Magnetfeldes hat einen Wirbelstrom an der Oberfläche des Körpers zur Folge, der wegen des verschwindenden Widerstandes fortbesteht. Dieser Wirbelstrom kompensiert gerade die Induktionsänderung. Das äußere Feld wird „abgeschirmt".

Der Effekt spielt in der Supraleitung eine Rolle. Er liefert ein Verständnis der Induktion von Dauerströmen in Ringen bzw. anderen zwei- und mehrfach zusammenhängenden Körpern.

MAXWELL, James Clerk,
engl. Physiker, 13. 6. 1831 – 5. 11. 1879,
Prof. in Aberdeen, London u. Cambridge

LIPPMANN, Gabriel Jonas,
fr. Physiker 16. 8. 1845 – 13. 7. 1921,
seit 1883 Prof. in Paris

Lippmann, G., *C. R. Paris* **168**, 73 (1919)

Lit.: [30]

Adiabatische galvanomagnetische Effekte → Galvanomagnetische Effekte,

Adiabatischer Hall-Effekt

→ Stromleitungs-Effekte, → Kreuz-Effekte
→ Galvanomagnetische Effekte

Akustoelektrischer Effekt F, H

Hierunter versteht man die Wechselwirkung einer Schallwelle mit den quasifreien Ladungsträgern eines Halbleiters. Dabei wird im allgemeinen durch Absorption die Welle gedämpft und Energie auf die Ladungsträger und auf das Gitter übertragen. In einem Halblei[illegible] mit piezoelektrischen Eigenschaften läßt si[illegible] ine Verstärkung der Schallwelle errei[illegible]
Die Piezoelektrizität (→ Piezo-E[illegible] rials bewirkt eine mit der Schal[illegible] tende Potentialmodulation, [illegible] Potentialmulden Ladungstr[illegible] nen. Wenn zusätzlich ein elektrisches [illegible] angelegt wird, das die Ladungsträger auf eine Driftgeschwindigkeit bringt, welche höher ist als die Schallgeschwindigkeit, so erfolgt über den umgekehrten piezoelektrischen Effekt eine phasenrichtige Energieübertragung auf die Schallwelle und damit eine Verstärkung.

Im allgemeinen ist das System instabil, und es bilden sich akustische Domänen aus.

Der Effekt wird im akustoelektrischen Verstärker und bei Verzögerungsleitungen angewandt.

Lit.: [1, 27, 53, 71, 75]

Alexandriteffekt

Das sehr seltene Mineral Alexandrit ist eine Abart des Chrysoberylls, ($BeAl_2O_4:Co^{3+}$). Die Chromionen geben dem Alexandrit wie dem Rubin die Farbe. Die inneren Kräfte sind so ausbalanciert, daß je nach Beleuchtung des Kristalls die Farbe wechselt (Alexandriteffekt). Herrscht ein blauer Anteil vor, so erscheint der Kristall blau-grün, bei vorwiegend roter Beleuchtung wirkt der Kristall rot.

Lit.: Nassau, K.: *Gems Made by Man.* Chilton Book Co., Radnor Pa. (1980)

Analogzustände K

Man bezeichnet Energie-Zustände in Atomkernen, die ungleiche Ladungszahl, aber gleiche Massenzahl haben, die gleichen Isospin, aber unterschiedliche dritte Komponente des Isospin haben, als Analogzustand. Ein Unterschied in den Energien von solchen Zuständen wird durch den Massenunterschied von Neutron und Proton

(Massen-Effekt) und die Unterschiede der Coulomb-Energie *(Coulomb-Effekt)* bewirkt. Massen-Effekt und Coulomb-Effekt haben entgegengesetzte Vorzeichen. Der Massen-Effekt ist kleiner als der Coulomb-Effekt.

Lit.: [46] [75]

Anisotropie-Effekte A

Unter Anisotropie versteht man die Tatsache, daß innerhalb von Körpern in verschiedenen Richtungen Unterschiede in den physikalischen Eigenschaften auftreten können. Anisotropie beruht auf der inneren, räumlich unterschiedlichen Struktur der Körper. Isotrope Körper können durch äußere Einflüsse wie Druck, Zug, mechanische oder elektrische Spannung, Magnetfelder usw. anisotrop gemacht werden. Optische Anisotropie führt i. allg. zur → Doppelbrechung. Die Anisotropie von Leitern kann z. B. die → galvano- und thermomagnetischen Effekte verändern.

Lit.: [76], *Lehrbücher, Lexika*

Anisotropie-Effekt S

Die Bildung der Cooper-Paare (→ Supraleitung) im Supraleiter erfolgt über Phononen (Quanten der elastischen Schwingungen des Gitters). Bei anisotropen Kristallen (Metallen) kann die Bildung von Cooper-Paaren daher richtungsabhängig sein, was als Anisotropie-Effekt bezeichnet wird.

Lit.: [11]

Anaphorese → Elektrophorese

Anomaler Barkhausen Effekt

→ Barkhausen Effekt, anomaler

Anomaler Hall-Effekt

→ galvanomagnetische Effekte

Anomaler Haut-Effekt → Haut-Effekt

Anomaler Skin-Effekt

→ Haut-Effekt, anomaler

Anomaler Zeeman Effekt

→ Zeeman-Effekt

Anzahl-Effekt → Rotverschiebung

Aragoscher Versuch (1824) EM

Bei diesem Versuch handelt es sich um *Wirbelstrom-Effekte,* die durch Induktion hervorgerufen werden: Eine frei drehbare Magnetnadel folgt der Drehbewegung einer Kupferscheibe und umgekehrt. Arago konnte dies nicht deuten und bezeichnete den Effekt als *Rotationsmagnetismus.* Durch die Bewegung z. B. der Magnetnadel werden entsprechend der Lenzschen Regel in der Scheibe Ströme induziert. Diese sind so gerichtet, daß sie der Ursache entgegenwirken. Der jeweils ruhende Teil der Anordnung folgt der Bewegung des anderen Teiles.

ARAGO, Dominique François Jean,
fr. Physiker u. Politiker, 26. 2. 1786 – 2. 10. 1853,
Prof. in Paris

Lit.: [6b] [50 Bd. IV, 1]

Archimedisches Prinzip Me

(Auftrieb)

Man bezeichnet als hydrostatischen Auftrieb eine der Schwerkraft entgegengerichtete Kraft, die ein Körper erfährt, der in einer ruhenden Flüssigkeit untergetaucht ist. Diese Kraft ist eine Wirkung der allseitigen Flüssigkeitsdrücke auf die Oberfläche.

Das Archimedische Prinzip besagt, daß der hydrostatische Auftrieb gleich ist der Gewichtskraft der vom Körper verdrängten Flüssigkeit. Die wirkende Kraft geht durch den Schwerpunkt des verdrängten Volumens. Der Körper verliert scheinbar soviel an Gewicht, wie das verdrängte Volumen wiegt.

Mit Hilfe des Prinzips kann man sowohl Dichte, als auch bei bekannter Dichte das Volumen bestimmen.

ARCHIMEDES,
gr. Naturwissenschaftler (-287(?) – (-212)

Lit.: *Lehrbücher, Lexika, Handbücher*

Asymmetrie-Effekt → Brems-Effekte

Auftrieb → Archimedisches Prinzip

Auger-Effekt (1926) AQ II

Durch Absorption von Röntgen-Strahlen in Atomen kann es zu einer inneren Photoionisation des Atoms kommen. Das Atom kehrt nun durch einen strahlungslosen Übergang eines Elektrons der äußeren Schale in den Grundzustand zurück. Die freiwerdende Energie dient dazu, ein beliebiges Elektron der äußeren Hülle frei zu setzen. Man bezeichnet den Vorgang auch als *innere Absorption von Röntgenstrahlen oder Selbstionisation,* bei der ein virtuelles Röntgenquant entsteht, das unter Loslösung eines Elektrons sofort wieder absorbiert wird. Für den Augerprozeß ist die Zwischenschaltung des virtuellen Quant nicht nötig. Heute bezeichnet man als Auger-Effekt die Tatsache, daß ein angeregtes Atom oder Molekül oder auch eine Störstelle im Festkörper seine Energie nicht als Licht, sondern durch Aussendung eines Elektrons wieder abgibt. Die freiwerdenden Elektronen sind charakteristisch für jedes Element. Sie werden daher in der Mikroanalyse der leichten Elemente, z. B. in Verbindung mit Elektronenmikroskopen, verwendet. Der Auger-Effekt tritt auch in Halbleitern auf, wo er sich störend bemerkbar macht. Die Anregung erfolgt hier aber nicht über Röntgenstrahlen, sondern über die injizierten Ladungsträger. Für eine einwandfreie Funktion von optoelektronischen Bauelementen, wie LEDs (Light Emitting Diodes) oder Laserdioden muß der Auger-Effekt ausgeschaltet werden.

AUGER, Pierre Victor,
fr. Physiker, 14. 5. 1899, seit 1937 Prof. in Paris

Auger, P., *J. Phys. Radium* **6,** 205 (1925);
C. R. **180,** 65 (1925); *C. R.* **182,** 773 (1926)
Braunbeck, W., *Phys. Bl.* **26,** 264 (1970)
Lit.: [6d]

Aussalz-Effekt TK

Die Löslichkeit von Nichtelektrolyten wird durch das Hinzufügen von Elektrolyten herabgesetzt, da sich diese durch Hydration mit einer Wasserhülle umgeben, und somit die zur Verfügung stehende Wassermenge verringern. Die Umkehrung ist der *Einsalz-Effekt.*

Lit.: [35]

Austausch-Effekte AQ I

Hierunter versteht man alle Effekte, die mit dem Austausch von Quanteneigenschaften zwischen ununterscheidbaren Teilchen verbunden sind. Hierzu gehört z. B. die Vergrößerung oder Verkleinerung der Coulomb-Energie und damit die Verschiebung der Energieniveaus von Atomen. Sie rührt von der Antisymmetrie der Wellenfunktion beim Teilchentausch her.

Lit.: [38 Bd. III, IV, IX] [72]

Autoelektronenemission → Feld-Effekt

Avalanche-Effekt (1953) HB

(Lawinen-Effekt)

Wenn bei pn-Übergängen über der Raumladungszone sehr hohe Spannungen abfallen, verliert diese ihre isolierende Eigenschaft. Durch die hohe Spannung werden die Ladungsträger in der Raumladungszone so stark beschleunigt, daß durch Stoßionisation neue Ladungsträger lawinenartig erzeugt werden können. Bei hohen Dotierungen der Halbleiter wird der → Tunnel-Effekt dominierend, bevor der Avalanche-Effekt sich ausbilden kann. Der Avalanche-Effekt gehört zu den Hochfeld-Effekten im Halbleiter (→ Gunn-Effekt, → Zener-Effekt).

Mc Kay, K. G., *Phys. Rev.* **91,** 1079 (1953)
Lit.: [63] [74] [75]

Azbel-Kaner-Effekt (1956) F

(Zyklotronresonanz-Effekt) (Asbel-Kaner)

Diese, manchmal auch → anomaler Skin-Effekt genannte Erscheinung entsteht, wenn ein stromdurchflossener Leiter einem Mikrowellenfeld (GHz-Bereich) und einem dazu senkrechten Magnetfeld (0,02 – 0,5 T) ausgesetzt ist. Aufgrund des Skin-Effektes dringt die Mikrowelle nur etwa 10^{-5} cm in den Leiter ein. Durch das Magnetfeld erreicht man, daß die Eindringtiefe wesentlich kleiner ist als der Radius der Zyklotronbahn der Elektronen im Magnetfeld. Wenn die Elektronen die Bahn, die durch die Eindringschicht der Mikrowelle läuft, mehrfach durch laufen können, ohne daß es zu einer Streuung der Elektronen kommt, erhält man eine Resonanz in der Absorption: Die Elektronen werden im Mikrowellenfeld beschleunigt und entziehen daher diesem Energie. Man beobachtet den Resonanz-Effekt bei tiefen Temperaturen (~ 4K). Der Azbel-Kaner-Effekt gehört in die Gruppe von Effekten, bei denen Metalle sich im hochfrequenten elektromagnetischen Feld befinden, (→ Haut-Effekt, anomaler Haut-Effekt, → Sondheimer Effekt, → Size-Effekte).

Azbel, M. J., und Kaner, E. A., *SETF* **32,** 896 (1956)
Lit.: [1 a] [5 d] [33 a]

Babinetsches Prinzip

Als Babinetsches Prinzip wird die Tatsache bezeichnet, daß die Beugung von Wellen an komplementären Anordnungen wie Blenden oder

Schirmen, z. B. Spalt-Draht, Loch-Kreisscheibe, außerhalb des Zentralbildes identisch ist. So ist die Beugung an Staubteilchen identisch mit der an vielen kleinen Öffnungen. Die von komplementären Schirmen ausgehenden Wellen haben entgegengesetzte Phasen.
Das Babinetsche Prinzip läßt sich z. B. mit Erfolg bei der Berechnung von Antennen, allgemein in der Hochfrequenztechnik, verwenden.

BABINET, Jacques,
fr. Physiker, 5. 3. 1794 – 21. 10. 1872,
Prof. in Paris

Lit.: [6c] [9] *Lexika, Handbücher*

Back-Goudsmit-Effekt (1927) Mo

Der → Paschen-Back-Effekt bei der Hyperfeinstruktur wird (im amerikanischen) als Back-Goudsmit-Effekt bezeichnet: In starken Magnetfeldern entkoppeln die Spins der Hüllenelektronen und der Kerne, wie beim Paschen-Back-Effekt die Kopplung zwischen Bahndrehimpuls und Spin aufgehoben wird. Die Energie der magnetischen Wechselwirkung zwischen Hülle und Magnetfeld muß größer sein als die Energie der Hyperfeinwechselwirkung zwischen Hülle und Kern.
Häufig wird der Effekt als Paschen-Back-Effekt der Hyperfeinstruktur bezeichnet, während Back-Goudsmit-Effekt manchmal als amerikanische Bezeichnung für den Paschen-Back-Effekt gilt.

BACK, Ernst,
dt. Physiker, 21. 10. 1881 – 20. 7. 1959

GOUDSMIT, Samuel Abraham,
niederl.-amerik. Physiker
11. 7. 1902 – 4. 12. 1978, seit 1927 in den USA, zuletzt Prof. in Upton (USA)

Goudsmit, S., und Back, E., *Z. Phys.* **43**, 321 (1927)

Lit.: [7] [46] [47]

Balloelektrizität → Lenard-Effekt

Barkhausen-Effekt (1919) EM

(Barkhausen-Rauschen, Barkhausen-Sprung)
Barkhausen fand, daß beim Ummagnetisieren von Eisen das Umklappen von magnetischen Elementarbereichen in einer Spule ein Rauschsignal verursacht. Man weist dies nach, indem man über einen Eisenkern eine Induktionsspule mit sehr vielen Windungen schiebt. Über einen Verstärker lassen sich die elementaren Umklappprozesse hörbar machen. Die Bezirke spontaner Magnetisierung *(Weißsche Bezirke)* nehmen bei Änderung des äußeren Magnetfeldes statistisch regellos die jeweils energetisch günstigste Lage ein.
Die Wandverschiebungen setzen sich aus stetigen reversiblen und unstetigen irreversiblen Anteilen zusammen. An verschiedenen Stellen kommt es bei verschiedenen Feldstärken zu den irreversiblen Wandverschiebungen, den *Barkhausen-Sprüngen,* die sich als *Barkhausen-Rauschen* bemerkbar machen.
Der Barkhausen-Effekt ist das magnetische Analogon zum → Portevin-LeChatelier-Effekt.

BARKHAUSEN, Heinrich Georg,
dt. Physiker, 2. 12. 1881 – 20. 2. 1956,
ab 1911 Prof. in Dresden

Barkhausen, H., *Phys. Z.* **20**, 401, (1919)

Lit.: [37] [74] [75] [76]

Barkhausen-Effekt, anomaler EM

Das Auftreten großer Sprünge im Magnetisierungsverlauf einer Eisen-Aluminiumlegierung oberhalb von 400 °C wird als anomaler Barkhausen-Effekt bezeichnet. Der Effekt wird auf die Orientierung von Al-Al-Paaren zurückgeführt, die die Wände der Bereiche stabilisieren. Der Effekt ist temperatur- und frequenzabhängig. Man findet folgenden Zusammenhang zwischen der *dynamischen Rechteckigkeit* der Magnetisierungskurve und dem anomalen Barkhausen-Effekt: Die dynamische Rechteckigkeit tritt unterhalb einer bestimmten Temperatur und oberhalb einer bestimmten Frequenz auf.
Der anomale Barkhausen-Effekt zeigt sich oberhalb einer bestimmten Temperatur und unterhalb einer bestimmten Frequenz.

Lit.: [37]

Barkhausen-Effekt in dünnen Schichten EM

Die Häufigkeit der Barkhausensprünge nimmt bei dünnen Schichten exponentiell mit der Dicke ab. Beim Ummagnetisieren dünner Schichten treten Keimbildungsschwierigkeiten auf, wenn während des Aufdampfens der Schichtrand durch eine Maske abgeschattet wird und daher dünner ist als die Mitte der Schicht. Dies wird als *Böschungs-Effekt* bezeichnet. Die dünne Randschicht erchwert die Keimbildung. Erst in einem genügend starken Feld entstehen im Inneren Keime, und die Schicht wird schließlich in einem einzigen großen Barkhausen-Sprung ummagnetisiert.

Brackmann, J., Küsterer, W., und Metzdorf, W., *Z. Angew. Phys.* **13**, 313 (1961)

Lit: [37]

Barkhausen-Rauschen

→ Barkhausen-Effekt

Barkhausen-Sprung

→ Barkhausen-Effekt

Barnett-Effekt (1915) EM

(Richardson-Barnett-Effekt)

Der Barnett-Effekt beschreibt den Zusammenhang zwischen der Magnetisierung und der Drehung magnetisierter Stäbe: Barnett verwendete in seinem Experiment Eisenstäbe, die er in sehr rasche Rotation um ihre Längsachse versetzte. Jedes freie Elektron erhält dabei zusätzlich zu seinem Elektronenspin einen mechanischen Drehimpuls, das mit einem magnetischen Moment gekoppelt ist und welches in die Richtung der Drehachse des Körpers zeigt. Man findet daher eine Magnetisierung des Körpers. Der Barnett-Effekt kann nur in ferromagnetischen Stoffen nachgewiesen werden.

→ Einstein-deHaas-Effekt

BARNETT, Samuel Jackson,
amerik. Physiker, 14. 12. 1873 (USA) – ?

Barnett, S. J., *Phys. Rev.* **6**, 239 (1915)
Barnett, S. J., *Rev. Mod. Phys.* **7**, 129 (1935)

Lit.: [50 Bd. IV, 4] [74] [75] [76]

Barotropisches Phänomen (1906) TK

Bei einem binären Gemisch, bei dem die zwei Stoffe stark unterschiedliche kritische Temperaturen haben, kann es vorkommen, daß, wenn flüssige und dampfförmige Phase koexistieren, die dampfförmige Phase die größere Dichte hat. Dann sinkt das Gas (der Dampf) unter die Flüssigkeitsoberfläche (barotropisches Phänomen). Entdeckt wurde das Phänomen 1906 von Kamerlingh-Onnes bei einem Gemisch von He:H (1 : 6) bei 49 bar bei der Temperatur des siedenden Wasserstoffs.

KAMERLINGH-ONNES, Heike,
niederl. Physiker, 21. 9. 1853 – 21. 2. 1926

Lit.: [76] [77]

Bauschinger-Effekt (1886) Fe

Wird ein Material in einer Richtung plastisch verformt, und anschließend in entgegengesetzter Richtung, so wird unter Umständen die Elastizitätsgrenze herabgesetzt. Beim idealen Bauschinger-Effekt vermindert sich die Druck-Fließ-Spannung um den Betrag, um den die Zug-Fließ-Spannung anwächst. Es beruht auf der Ausbildung elastischer Spannungen, die der ursprünglichen Verformungsrichtung entgegenwirken.

Der Effekt spielt in der Materialprüfung eine Rolle, z. B. um die Federeigenschaften von Stahl zu ermitteln. Durch die wiederholte Torsion eines Prüfkörpers in die eine und daran anschließende Torsion in die andere Richtung lassen sich aus dem „*Bauschinger-Torsions-Diagramm*" die mechanischen Eigenschaften der Probe bestimmen.

BAUSCHINGER, Johann,
dt. Bautechniker, 11. 6. 1834 – 25. 11. 1893

Heyn, E., *Naturwissenschaften* **9**, 331 (1921)
Furr, S., *Mater. Eng.* **6**, 77 (1973)

Lit.: [74] [75] [76]

Beck-Effekt (1911) EM

(Beck-Bogen)

Wird bei Hochstrom-Lichtbögen die Anodenkohle mit Salzen der seltenen Erden, z. B. des Cer versetzt, so beobachtet man eine starke Erhöhung der Lichtintensität, wenn eine bestimmte Stromstärke überschritten wird. In der Stromspannungscharakteristik kommt es zu einem ausgeprägten Knick. Der Spannungsanstieg um einige Volt wird darauf zurückgeführt, daß die Verdampfung der beigefügten Salze einsetzt.

BECK, Heinrich,
dt. Elektrotechniker, 20. 9. 1878 – 17. 8. 1937

Finkelnburg, W.: *Hochstromkohlebogen.* Springer, Berlin 1948

Lit.: [72, 73, 74, 75, 76, 85]

Beck-Bogen → Beck-Effekt

Becquerel-Effekt (1839) P

E. Becquerel entdeckte im Jahre 1839, daß bei Belichtung einer von zwei gleichen in ein Elektrolyt getauchten Elektroden unter Umständen eine Potentialdifferenz zwischen den Elektroden entsteht. Über den Mechanismus gibt es keine Klarheit.

Es ist auch keinesfalls gesichert, daß lichtelektrische Wirkung und nicht etwa Photochemie ohne Elektronenabspaltung dem Effekt zugrunde liegt. Der Effekt kann nicht durch Erwärmung erklärt werden. Die auftretenden Potentiale hängen in verwickelter und vielfach nicht reproduzierbarer Weise von Lichtintensität und Wellenlänge ab. Sie stellen sich innerhalb etwa einer Minute ein und erreichen die Größenordnung 10^{-4} Volt. Nicht einmal das Vorzeichen der Spannung ist für eine bestimmte Anordnung eindeutig, sondern kehrt sich unter Umständen während der Belichtung um. Der Effekt ist gelegentlich zur Strahlenmessung herangezogen worden, hat sich jedoch nicht bewährt. Der Becquerel-Effekt kann als der früheste Nachweis eines Photo-Effektes angesehen werden.

BECQUEREL, Alexandre Edmond,
fr. Physiker, 24. 3. 1820 – 11. 5. 1891 (Paris)

Becquerel, A. E., *Ann. Chim. Phys.* LXXI (1839);
Becquerel, A. E., *C. R.* **9**, 561 (1839);
Becquerel, A. E., *Ann. Chim. Phys.* **9**, 257 (1843)
Lit.: [50 Bd. IV, 4, 72, 74, 75, 76, 86]

Becquerel-Effekt (1906) Mo

(paramagnetische Drehung)

J. Becquerel untersuchte 1906 den → Faraday-Effekt an paramagnetischen Substanzen (paramagnetische Drehung).

BECQUEREL, Jean Antoine Edmonde Marie,
fr. Physiker, 5. 2. 1878 – 4. 7. 1953

Becquerel, J., *Phys. Z.* **8**, 929 (1907)
Becquerel, J., *Phys. Z.* **9**, 94 (1908)
Becquerel, J., *C. R.* CXLIV, 682 (1907)
Becquerel, J., *C. R.* **143**,769 (1906)
Becquerel, J., *C. R.* CXLV, 765 (1907)
Becquerel, J., *C. R.* **148**, 158 (1909)
Lit.: [3] [27a Bd. II, 2.2]

Benedicks-Effekte, 1. und 2.

→ Thermoelektrische Effekte

Berremann-Effekt (1963) PH

Strahlt man Licht auf eine Platte, die wesentlich dünner ist als die Wellenlänge des Lichtes, so beobachtet man nur die Anregung der niedrigsten induzierten Polaritonen. *Polaritonen* sind wie *Exzitonen* Quasiteilchen im Festkörper, die bei starker Wechselwirkung von Photonen und nichtlokalisierten Anregungszuständen im Festkörper entstehen. Exzitonen entstehen bei der Bildung von Elektron-Lochpaaren im Halbleiter oder Festkörper. Elektron und Loch bewegen sich gemeinsam und können Energie, aber keine Ladung transportieren. Photon und Exziton bilden dann ein neues Gesamtsystem, wenn die Wechselwirkungsenergie der Photonenenergie entspricht: Dieses Polariton verhält sich wie ein neues Teilchen, dessen Dispersionskurve sich aus zwei Ästen zusammensetzt, die nicht mehr den Dispersionskurven der einzelnen Teilchen entspricht.

Stimmt die Frequenz der induzierten Polaritonen mit den longitudinalen und transversalen Volumenphononen überein, so spricht man vom Berremann-Effekt.

Lit.: [78]

Bethe Effekt → Lambshift

Beugung A

Unter Beugung versteht man das Abweichen von der geradlinigen Ausbreitung des Lichtes, bzw. allgemein von Wellen. Sie ist von der Reflexion, Brechung oder Streuung zu unterscheiden. Die Beugung wird immer dann beobachtet, wenn die freie Ausbreitung der Wellen durch irgendwelche Hindernisse (Blenden, Schirme oder Körper) beeinflußt wird. Beugung ist wie die Interferenz charakteristisch für jede Art von Wellenbewegung. Die Beugungserscheinungen lassen sich auf der Grundlage des *Huygenschen Prinzips* erklären, nach dem jeder Punkt einer Wellenfront Ausgangspunkt einer Elementarwelle ist. Die Überlagerung aller Elementarwellen ergibt die neue Wellenfront. Jede Störung der Wellenfront erzeugt durch Überlagern der Elementarwellen, die von verschiedenen Punkten des Hindernisses ausgehen, ein Interferenzmuster, das Beugungsbild.

Durch die Beugung wird das Auflösungsvermögen optischer Instrumente wie z. B. Mikroskop, Fernrohr oder Spektrometer begrenzt.

Die Beugungserscheinungen lassen sich in zwei Gruppen unterteilen: die Fraunhoferschen und die Fresnelschen Beugungserscheinungen.

Fraunhofer-Beugung wird beobachtet, wenn die Größe der beugenden Blende klein ist gegen die Entfernung zum Beobachtungspunkt. Experimentell verwirklicht man die Fraunhofer-

Beugung dadurch, daß die Lichtquelle im Brennpunkt einer Linse steht. Das gebeugte Parallellicht bildet man durch eine weitere Linse auf einen Beobachtungschirm ab.
Fresnel-Beugung tritt auf, wenn die Abmessung des beugenden Objektes mit den Entfernungen Lichtquelle-Objekt- und Objekt-Beobachtungspunkt vergleichbar ist. Bei der Fresnel-Beugung benützt man divergente Lichtbündel. Die beobachteten verschiedenen Lichtbündel haben unterschiedliche Ablenkwinkel.

FRAUNHOFER, Joseph von,
dt. Physiker, 6. 3. 1787 – 7. 6. 1826, seit 1823 Prof. in München

FRESNEL, Augustin Jean,
fr. Physiker, 10. 5. 1788 – 14. 7. 1827, Ville d'Avray

Lit.: [6c, 9, 16, 22c, 38 Bd. II, Bd. VIII,50 Bd. II, 1, 61 Bd. IV]

Bhabha Streuung
→ Streuung von Teilchen

Binaural-Effekt **Me**
Das Ohr hat die Fähigkeit, die Richtung der Schallquelle durch die Zeitdifferenz, mit der der Schall an beiden Ohren wahrgenommen wird, festzustellen. Die Auflösung beträgt etwa 30 μs. Die Schallquelle scheint von einem seitlich der Medianebene liegenden Ort herzukommen. Bei einer Verzögerung von etwa 630 μs wird der Schall als von der Seite kommend (90°) wahrgenommen.
Der Effekt ist für die Stereo-Wiedergabe von Hörfunksendungen von Bedeutung.

Lit.: [50 Bd. 1, 3] [76] [85]

Biolumineszenz → Lumineszenz-Effekte

Bistabilitäts-Effekt
→ Flüssigkristall-Effekte

Blears-Effekt
Die Anzeige von Ionisationsmanometerröhren hängt bei Anwesenheit organischer Dämpfe im Vakuum ab von der Geometrie der Anordnung bezogen auf das auszumessende Arbeitsvolumen. Der Effekt kann das Ergebnis der Messung bis zu einer Größenordnung verfälschen.

Lit.: Blears, J., *Nature* **154,** 20 (1944)
Blears, J., *Proc. R. Soc. London, Ser. A* **188,** 62 (1946)

Bobeck-Effekt (1967) **EM**
(Magnetische Bubbles, Bubble-Speicher)
Ohne angelegtes Magnetfeld kann man in dünnen magnetischen Schichten mit einer senkrecht zur Schichtebene orientierten Vorzugsachse magnetische Streifen-Domänen beobachten. Bobeck konnte 1967 zeigen, daß sich diese Domänen in einem äußeren Magnetfeld senkrecht zur Schicht zu zylinderförmigen Domänen, den sog. *Magnetic Bubbles,* zusammenziehen.
Im magnetischen Feld schrumpfen die zum Feld ungünstig magnetisierten Streifen-Domänen auf Kosten der günstiger orientierten. Ab einer bestimmten Feldstärke gehen diese in Zylinderdomänen (Domänen, Bubbles) über, welche bei einer noch größeren Feldstärke durch Kollaps verschwinden.
Magnetische Zylinder-Domänen oder Magnetic Bubbles sind in störungsfreien Einkristallschichten (vorzugsweise aus Materialien mit Granatstruktur) so beweglich, daß sie sich durch die Streufelder von Nickeleisenschicht-Elementen in einem in der Schichtebene rotierenden Magnetfeld bewegen lassen. Deshalb bieten sich diese Einkristallschichten als magnetisches Speichermaterial mit nichtflüchtiger Information an.
Bubble-Speicher haben inzwischen (1979) eine Speicherkapazität von 256 000 bit bzw. 1 Million bit pro Chip erreicht.
Man versucht z. Z., mit Hilfe des → Faraday-Effektes die Bubbles als Display zu verwenden.
Bobeck, A. H., et al., *IEEE Trans. Magn.* **5,** 544ff. (1969)
Lill, A., *Phys. Unserer Zeit* **5,** 69 (1974).

Lit.: [18] [26]

Boden-Effekt **Stö**
Die Umströmung eines Körpers in Bodennähe liefert einen anderen Auftrieb als bei freier Umströmung in großer Entfernung vom Boden. Die vertikale Strömung wird in Bodennähe behindert und damit der induzierte Widerstand verkleinert. Dies führt zu einer Auftriebserhöhung und zu einer Verminderung des Widerstandes.
Wesentliche Anwendung: Luftkissenfahrzeuge (auch Bodeneffektfahrzeuge genannt).

Lit.: [72]

Böningsche Effekte EM

Die Verschiebung von an Haftionen gebundenen Gleitionen in feinen Kanälen eines Dielektrikums unter dem Einfluß eines elektrischen Feldes wird als Böningscher Effekt bezeichnet. Die Verschiebungen bewirken dielektrische Nachwirkungserscheinungen.

BÖNING, Paul Johannes,
dt. Physiker und Elektrotechniker, 6. 10. 1887 – ?

Lit.: [85]

Boersch-Effekt

In einem Wehnelt-Zylinder haben die Elektronen beim Austritt aus der Kathode aufgrund der Maxwellschen Geschwindigkeitsverteilung unterschiedliche Geschwindigkeiten. Die Geschwindigkeitsverteilung wird durch die Ausbildung von Raumladungswolken vor der Kathode verbreitert. Die Abweichung der Energieverteilung der Elektronen von der Maxwellverteilung wird als Boersch-Effekt bezeichnet, wobei die Schwankungsbreite die Größenordnung von ca. einem Elektronenvolt hat. Der Boersch-Effekt ist von Bedeutung für Elektronenmikroskope und die Elektronenstrahllithographie, weil er die Energie und Bündelung der Elektronen beeinflußt und damit das Auflösungsvermögen der Mikroskope bzw. der Elektronenstrahllithographie.

BOERSCH, Hans Paul,
dt. Physiker, 1. 6. 1909

Lit.: [62]

Böschungs-Effekt

→ Barkhausen-Effekt in dünnen Schichten

Bohm-Aharonov-Effekt EM

Bei der Beugung von Elektronen läßt sich die Phase der Elektronen durch den Einfluß eines magnetischen Flusses beeinflussen. Dies macht sich in einer Änderung der Interferenzfigur bemerkbar. Nach Bohm und Aharonov wird die Phasenverschiebung durch das mit dem Fluß verbundene Vektorpotential hervorgerufen. Der Effekt läßt sich zur Messung kleinster magnetischer Flüsse verwenden, z. B. in supraleitenden Hohlzylindern.

Aus dem Interferenzmuster kann auf die Größe des eingeschlossenen magnetischen Flusses geschlossen werden.

BOHM, David Joseph,
amerik. Physiker, 20. 12. 1917

AHARONOV, Yakir, isr.-amerik. Physiker,

Lit.: [6c]

Bornstreuung → Streuung von Teilchen

Borrmann-Effekt F

Bei der Röntgenphotographie, einem Röntgenbeugungsverfahren zur Untersuchung von Einkristallen, bezeichnet man die anomale (sehr geringe) Absorption von Röntgenlicht durch den Einkristall als Borrmann-Effekt. Der Effekt läßt sich nicht durch das Massenschwächungsgesetz erklären. Die anomale geringe Absorption kann nur auftreten, wenn mindestens ein abgebeugter Strahl auftreten kann. Die dynamische Theorie der Röntgenbeugung an Kristallen beschreibt den Effekt quantitativ. Bei der Elektronen- bzw. Neutronenbeugung beobachtet man einen analogen Effekt. Es lassen sich z. B. Siliziumschichten von einigen Millimetern Dicke mit dem Verfahren untersuchen.

BORRMANN, Gerhard Heinrich,
dt. Physiker, 1908

Eutin, I. T., *Phys. Status Solidi B* **90,** 2, 575 (1978)

Lit.: [25] [75]

Branley-Lenard-Effekt P

Lenard bestätigte den von Branley gefundenen Effekt, daß ultraviolettes Licht (120 – 150 nm) Luft und andere Gase stark ionisiert. Die Leitfähigkeit der Gase wird erhöht. Die entstehenden Ionenpaare haben unterschiedliche Beweglichkeit. Es wird angenommen, daß die Ionisation an den im Gas enthaltenen schweren Staubpartikeln aufgrund des Photo-Effektes stattfindet.

BRANLEY, Edouard,
fr. Physiker, 23. 10. 1844 – 24. 3. 1940

Lit.: [73] [76]

Brems-Effekte El

Man nimmt an, daß in einem Elektrolyten beim Anlegen einer Spannung Ionen und Lösungsmittel in entgegengesetzte Richtungen wandern. Dies hängt damit zusammen, daß Zentralion und Ionenwolke unter dem Einfluß des elektrischen Feldes auseinandergezogen werden. Die Ionen werden durch das Lösungsmittel beim Wandern gehemmt. Dies wird als *Wanderungs-*

hemmung bezeichnet. Sie hängt u. a. von der Viskosität der Lösungsmittel ab.
Man bezeichnet dieses Phänomen auch als *elektrophoretischen, longitudinalen* oder *kataphoretischen* Effekt (→ Elektrokinetische Effekte).
Aufgrund der endlichen Relaxationszeit der Ionenwolke entsteht unter dem Einfluß einer Spannung eine asymmetrische Verteilung der Ionenwolke um das Ion. Dies wird als *Asymmetrie-* bzw. → *Relaxations-Effekt* bezeichnet. Die Asymmetrie führt zu einer Verminderung der Ionenbeweglichkeit.
Beide Brems-Effekte wirken um so stärker, je tiefer die Temperatur und je höher die Konzentration ist.
Lit.: [24] [35] [50 Bd. IV, 3] [90]

Bridgman-Effekt

→ Thermoelektrische Effekte

Bridgman-Wärme

→ Thermoelektrische Effekte

Brillouin-Streuung (1922) Str

(Brillouin-Effekt)
L. B. Brillouin untersuchte 1922 die Streuung von Licht an statistischen Dichteschwankungen in Festkörpern, Gasen und Flüssigkeiten. Er fand theoretisch neben dem Rayleigh-gestreuten Licht ein Dublett, das um eine charakteristische Frequenz nach oben und unten verschoben war: Die Frequenz des „Brillouin-Lichtes" ist um die Schallfrequenz, mit der sich die Schwankungen im Medium ausbreiten, erhöht oder erniedrigt worden. Das einfallende Photon erzeugt im Festkörper ein Phonon *(Stokes-Streuung)* oder vernichtet es *(Anti-Stokes-Streuung)*. Im ersten Fall gibt es Energie ab, im zweiten nimmt es Energie auf. Handelt es sich dabei um ein Phonon des akustischen Zweigs (akustisches Phonon), so spricht man von Brillouin-Streuung, bei einem Phonon des optischen Zweigs (optisches Phonon) von Raman-Streuung.
Im Grunde handelt es sich um den → optischen Doppler-Effekt, hervorgerufen durch eine Schallwelle. Die beobachtete Frequenzänderung ist minimal und viel kleiner als bei der Raman-Streuung. Der Debye-Sears-Effekt ist ein Spezialfall der Brillouin-Streuung.
Werden hohe Lichtintensitäten benutzt, so tritt induzierte (erzwungene) Brillouin-Streuung auf.
(→ Raman-Effekt, → Debye-Sears-Effekt, → Streu-Effekte)
BRILLOUIN, Léon Nicolas,
fr. Physiker, 7. 8. 1889 – 10. 1969
Lit.: [38 Bd. IX]

bulk effects → Volumen-Effekt

Burstein-Effekt (1954) H

Bei hohen Trägerdichten im Halbleiter verschiebt sich die Absorptionskante nach höheren Energien, weil die zur Absorption beitragenden Zustände nahe den Bandkanten bereits besetzt sind. Hohe Trägerdichten kann man erreichen durch Injektion von Ladungsträgern oder durch hohe Dotierung mit Donatoren bzw. Akzeptoren. Der Effekt ist für lichtemmittierende Dioden und für Laserdioden von Bedeutung.
BURSTEIN, Elias,
amerik. Physiker, 30. 9. 1917
Lit.: [27] [48]
Burstein, E., *Phys. Rev.* **93,** 632 (1954)

Čerenkov-Effekt (1934) AQ II

(Tscherenkow)
Beim schnellen Durchgang geladener Teilchen durch ein Dielektrikum tritt eine charakteristische Strahlung auf, hauptsächlich im blauen Teil des Spektrums. Der Effekt entsteht, wenn die Geschwindigkeit der Teilchen im Dielektrikum größer wird als die Phasengeschwindigkeit des Lichtes im Medium. Es bildet sich dann ähnlich wie beim Machschen Kegel bei der Schallfortpflanzung eine kegelförmige Strahlungsfront aus, deren Öffnungswinkel mit dem Brechungsindex auf einfache Weise zusammenhängt.
Der Čerenkov-Effekt läßt sich sowohl zum Nachweis und Zählen von hochenergetischen Teilchen verwenden als auch zur Messung ihrer Geschwindigkeit.
ČERENKOV (Tscherenkow), Pawel Alexewitsch,
russ. Physiker, 28. 7. 1904,
seit 1936 Prof. in Moskau
Tscherenkow, P. A., *Dokl. Akad. Nauk. SSSR* **2,** 547 (1934)
TAMM, I. E., und FRANK, I. M.,
Dokl. Akad. Nauk. SSSR **14,** 107 (1937)
ČERENKOV, P. A., *Phys. Rev.* **52,** 379 (1937)
Lit.: [22d] [17] [66] [72 – 76]

Channeling-Effekt F

In einem Kristallgitter, das in den Gitterebenen Ionen enthält, bewegen sich einfallende Ionen, z. B. Protonen, vorwiegend zwischen diesen Ebenen wie in einem Kanal. Aus der Streuung der Protonen an einem oder mehreren Gitteratomen kann man Aussagen über die Kristallstruktur gewinnen: Ein Proton kann in den Kanal gestreut werden und diesen ungehindert verlassen, oder es findet Streuung in der Richtung dicht besetzter Gitterebenen statt. Dann kann das Proton den Kristall nicht mehr verlassen.
Der Effekt wird im Protonenstreuungsmikroskop zur Strukturanalyse von Kristallen angewandt.
Lit.: [75]

Chemolumineszenz

→ Lumineszenz-Effekte

Coanda-Effekt Stö

Eine freiströmende Flüssigkeit wird durch eine feste, dicht benachbarte Oberfläche aus der ursprünglichen Richtung abgelenkt. Die mit der Flüssigkeitsströmung verbundene sekundäre Luftströmung wird durch die Oberfläche in ihrer Symmetrie gestört, was zu einem Sich-Anschmiegen der Strömung an die Wand führt.
Der Coanda-Effekt ist die wesentliche Grundlage der Fluidik (Hydrodynamische Regelkreise).
COANDA, Henri, Marie
rumän. Aeronautik-Ingenieur, 6. 6. 1885 – 1972
Lit.: [72]

Compton-Effekt (1923) AQ II

Bei der Streuung kurzwelliger Röntgenstrahlung an Elektronen in Atomen entsteht neben der ursprünglichen Strahlung eine abgebeugte längerwellige, die in charakteristischer Weise vom Streuwinkel abhängt. Der Zusammenhang zwischen Streuwinkel und Wellenlängenänderung läßt sich unter Verwendung des relativistischen Energie- und Impulssatzes für Teilchen direkt ableiten.
Mit Hilfe des Compton-Effektes konnte 1925 durch Bothe und Geiger die Gültigkeit von Energie- und Impulssatz bei einzelnen Streuakten nachgewiesen werden. Der Compton-Effekt ist eine Bestätigung der Teilcheneigenschaften von Licht (γ-Strahlen).
COMPTON, Arthur Holly,
amerik. Physiker, 10. 9. 1892 – 15. 3. 1962
Prof. in St. Louis u. Chicago
Compton, A. H., *Phys. Rev.* **21,** 483 (1923)
Debye, P., *Phys. Z.* **24,** 161 (1923)
Lit.: [6d, 7, 16, 17, 22d, 27, 38 Bd. III, Bd. IV, 49, 50 Bd. II 2. Teil 2, 70 Bd. II, 72 – 79, 81, 85, 90]

Compton-Effekt, inverser AQ II

Die Streuung von γ-Quanten an schnellen Elektronen wird als inverser Compton-Effekt bezeichnet. Dabei verliert das Elektron Energie, und die Frequenz des γ-Quants wird zu höheren Frequenzen verschoben.
→ Nikischow-Effekt, → Streu-Effekte
Lit.: [6c] [14]

Cooper-Effekt → Supraleitung

Coriolis-Kraft (1832) Me

In einem rotierenden Bezugssystem wirkt auf einen bewegten Körper eine zusätzliche Kraft: sie steht senkrecht auf der Ebene, die durch die Richtung der Geschwindigkeit und die der Drehachse bestimmt ist. Die Corioliskraft wirkt so, daß bewegte Körper auf der Nordhalbkugel nach rechts, auf der Südhalbkugel nach links abgelenkt werden. Die Corioliskraft ist daher für die Ballistik, den Kanalbau usw. von Bedeutung.
→ Eötvös-Effekt
CORIOLIS, Gaspard Gustave de,
fr. Physiker u. Ingenieur, 21. 5. 1792 – 19. 9. 1843, Prof. in Paris
Coriolis, G. G. de, *Mém. Sav. étrang.* III (1832)
Lit.: [6a] [22a], *Lexika*

Corbino-Effekt

→ galvanomagnetische Effekte

Cotton-Mouton-Effekt (1907) Mo

Die magnetische Doppelbrechung in Flüssigkeiten mit anisotropen Molekülen heißt Cotton-Mouton-Effekt. Der Effekt wird auch als *magnetische Doppelbrechung* bezeichnet. Er ist das magnetische Analogon zum elektrooptischen → Kerr-Effekt. Ein magnetisches Feld senkrecht zur Ausbreitung des Lichtes führt bei lichtdurchlässigen Materialien zur künstlichen Doppelbrechung. Es zeigt sich, daß der Gangunterschied der beiden Strahlen proportional der Dicke der

durchstrahlten Schicht und dem Quadrat der magnetischen Feldstärke ist. Der Effekt beruht vor allem auf der Einstellung magnetisch anisotroper Moleküle im Magnetfeld.
Die Proportionalitätskonstante ist i. allg. äußerst klein. Eine Verwendung findet der Effekt im Mikrowellenbereich.

COTTON, Aimé,
fr. Physiker, 9. 10. 1869 – 16. 4. 1951
Prof. in Toulouse u. Paris
Cotton, A., Mouton, H., *C. R.* **145**, 229, 230 (1907)
Lit.: [9] [26] [50 Bd. IV, 4] [72 – 76] [89]

Cottrell-Effekt F

Bei der Untersuchung der Temperaturabhängigkeit der Streckgrenze von homogenen Mischkristallen fand Cottrell eine ruckartige Verformung, die er auf Wolken von Verunreinigungen an Kristallversetzungen zurückführte. Der mit Verunreinigungen angereicherte Bereich wird als Cottrell-Atmosphäre bezeichnet. Das Wechselspiel zwischen Versetzungen und Wolken, das Entstehen von Leerstellen und Zwischengitteratomen, die neue Wolken bilden können, erklärt die ruckweise Verformung. Man bezeichnet das Blockieren von Versetzungslinien durch Fremdatome als Cottrell-Effekt.

COTTRELL, Alain Howard,
engl. Metallurge, 17. 7. 1919
Cottrell, A. H.: *Theory of Crystall Distocations.* Blackie & Son Ltd., London 1964
Handbuch d. Physik (Flügge Hrsg.) *(Kristallphys. I u. II)*
Lit.: [43] [72] [87]

Coulomb-Effekt → Analogzustände

Coulomb-Streuung
→ Streuung von Teilchen

DAP-Effekt → Flüssigkristall-Effekte

Debyesche Effekte EM

Bei Einwirkung eines elektrischen Feldes kommt es in einem Dielektrikum zur Ausrichtung von permanenten atomaren oder molekularen Dipolen. Die Frequenzabhängigkeit der Dielektrizitätskonstanten und die dielektrischen Verluste bei Einfluß von Wechselfeldern lassen sich hiermit phänomenologisch erklären.

DEBYE, Peter Joseph Wilhelm,
niederl.-amerik. Physiker, 24. 3. 1884 – 2. 11. 1966,
Prof. in Zürich, Utrecht, Göttingen, Leipzig, Berlin (Direktor des Kaiser-Wilhelm-Instituts für Physik) ab 1940 Prof. in Ithaca (N. Y.)
Debye, P., *Phys. Z.* **13**, 97, 295 (1912)
Lit.: [72, 85]

Debye-Falkenhagen-Effekt (1928) El

(Dispersions-Effekt der Leitfähigkeit)
Die Leitfähigkeit einer elektrolytischen Lösung hängt von der Frequenz ab. Da bei hohen Frequenzen (einige MHz) die Ionenwolken der raschen Änderung des elektrischen Feldes nicht mehr folgen können, erwartet man eine Abnahme des → Relaxations-Effektes und damit eine Erhöhung der Leitfähigkeit.
In der Tat wird dies experimentell beobachtet (P. Debye und H. Falkenhagen 1928).

FALKENHAGEN, Hans Eduard Wilhelm,
13. 5. 1895 – ? (Wernigerode/Harz)
Debye, P., und Falkenhagen, H. E. W., *Phys. Z.* **29**, 121, 401 (1928)
Lit.: [22d] [50 Bd. IV. 4]

Debye-Sears-Effekt O

Stehende Ultraschallwellen erzeugen in einer Flüssigkeit eine Dichtemodulation und damit eine Modulation des Brechungsindex. Eine solche Flüssigkeit wirkt auf einen Lichtstrahl wie ein Beugungsgitter. Der Debye-Sears-Effekt kann zur Ablenkung und Modulation eines Lichtstrahls genutzt werden. Dabei werden als Arbeitsflüssigkeit organische Verbindungen wie z. B. Toluol verwendet.
→ Brillouin-Effekt

SEARS, George Wallace, 9. 7. 1878 (USA)-?
Lit.: [6c]

Déchêne-Effekt (1935) Lu

Bei der Anregung von Lumineszenz durch elektrische Felder wird der Déchêne-Effekt beobachtet. Bei direkter Kontaktierung und hoher Leitfähigkeit der Kristalle kann es zu einer Feldauslöschung kommen. Der Déchêne-Effekt tritt fast immer mit dem → Gudden-Pohl-Effekt gekoppelt auf und verringert diesen.
Lit.: [6d]

Degradations-Effekt S

Die an kurzen Drahtproben gewonnenen Werte für die Stromtragfähigkeit sind normalerweise größer als die bei den Spulen ermittelten Werte. Diese Erscheinung wird als Degradations-Effekt bezeichnet und beruht auf Instabilitäten im Leiter, die schließlich zur Normalleitung führen: Die sprunghafte Bewegung der Instabilitäten führt zu einer erhöhten Temperatur im Supraleiter.

Lit.: [11]

de Haas-van-Alphen-Effekt

→ Haas-van-Alphen-Effekt

Dehnungsdoppelbrechung

→ Doppelbrechung

Delbrück-Streuung

→ Streuung von Teilchen

Δ*E*-Effekt Mm

(Magnetoelastizitäts-Effekt)

Durch Änderung der Magnetisierung eines ferromagnetischen Materials lassen sich die mechanischen Größen, wie die Elastizität, beeinflussen. So wird z. B. durch eine Magnetisierung der Elastizitätsmodul erhöht. Der Effekt macht sich auch in einer Anomalie der Temperaturabhängigkeit des E-Moduls bemerkbar.

Lit.: [4] [34] [50 Bd. IV, 4] [76]

Dember-Effekt (1931) PH

(Photogalvanischer Effekt)

Hierunter versteht man das Auftreten einer elektrischen Spannung zwischen der beleuchteten und unbeleuchteten Seite eines Photoleiters. Das einfallende Licht wird in einer dünnen Oberflächenschicht absorbiert und erzeugt dort Elektron-Loch-Paare. Diese diffundieren in den vom Licht nicht erreichten Bereich des Photoleiters. Bei unterschiedlichen Diffusionskoeffizienten von Elektronen und Löchern kommt es zur teilweisen Ladungstrennung und damit zum Aufbau eines elektrischen Feldes. Dieses bremst die schneller diffundierenden Ladungsträger und beschleunigt die langsameren. Dies führt zu einem Gleichgewichtsfeld, in dem sich beide Ladungsträgerarten gleich schnell bewegen. Die zugehörige Spannung heißt *Dember-Spannung*.

Der Effekt läßt sich verwenden z. B. zur Messung des Transports von lichterzeugten Löchern in AgBr(J)Kristallen.

Weiter scheint es möglich zu sein, die Reinheit von Stoffen zu ermitteln, wenn diese mit Laserlicht bestrahlt werden, und neben der Demberspannung auch die Relaxationszeit und die Temperaturabhängigkeit des Diffusionsstromes gemessen wird.

DEMBER, Harry, dt. Physiker,
11.7.1882 (Leimbach) – 22.3.1943 (N. Y.)

Dember, H., *Fortschr. Mineral.* **16,** 4 (1931)
Dember, H., *Phys. Z.* **33,** 207 (1931)
Kahan, A. M., *Photogr. Sci. Eng.* **21,** 237 – 240 (1977)
Berman, A., Dickson, C. R., und Zare, R. N., *Proc. of the Technical Program, Electron-Optical Systems Design Conf.,* New York, 14 – 16 Sep., 1976

Lit.: [6d, 74, 75, 78]

Destriau-Effekt (1936) Lu

(Wechselfeldlumineszenz)

Destriau entdeckte bei der Untersuchung des → Déchêne-Effektes, daß dünne Präparate von Leuchtphosphoren, wie z. B. Cu-dotierte ZnO/ZnS-Phosphore beim Anlegen einer Wechselstromspannung zwischen 50 und 500 V zum Leuchten angeregt werden. Der Effekt tritt in oberflächennahen Bereichen auf.

Die Leuchtintensität wächst mit der Spannung stark an. Der Effekt läßt sich z. B. auch zum Messen hoher Spannungen anwenden, oder als Lichtquelle für Notbeleuchtungen und für flächige Displays.

Destriau, G., *J. Chim. Phys.* **33** (1936) 587
Shaposhnikov, A. N., *Meas. Tech. USSR* **4,** 585 (1974)
Theis, D., *J. of Luminescence* **23,** Nos 1, 2 (1981) 191 – 207

Lit.: [6d] [72 – 75] [85]

Diffusion A

Hierunter versteht man einen Transportprozeß, bei dem sich Teilchen ohne äußere Kräfte bewegen, z. B. kann ein räumlicher Gradient der Konzentration die Bewegung der Teilchen hervorrufen. Beispiele aus dem Alltag sind die Ausbreitung von Duftstoffen oder die Mischung verschiedenfarbiger oder verschieden stark gesüßter Flüssigkeiten. Als Folge der *Brownschen Molekularbewegung* bewegen sich mehr Teilchen vom Ort hoher zum Ort niedriger Konzentration als umgekehrt. Der thermischen Geschwindigkeit ist

eine sehr viel kleinere Drift- oder Diffusionsgeschwindigkeit überlagert.
Diffusion tritt in Gasen, Flüssigkeiten und festen Körpern auf. Die Diffusionsgeschwindigkeit nimmt in dieser Reihenfolge stark ab. Beim Festkörper hängt sie sehr von verschiedenen Diffusionsmechanismen ab.
Die Diffusion von Fremdatomen in Festkörpern spielt eine wichtige Rolle z. B. bei der Dotierung von Halbleitern, bei der Behandlung von Oberflächen oder bei der Korrosion.
Die Abhängigkeit des Diffusionskoeffizienten von der Teilchenmasse wird u. a. zur Entmischung von Gasen angewandt. Diese Methode benützt man, um verschiedene Isotope voneinander zu trennen. Technisch ist dabei z. B. die Anreicherung von $^{235}UF_6$ im natürlich vorkommenden Uranhexafluorid, das zu 99,3% aus $^{238}UF_6$ besteht, von großer wirtschaftlicher Bedeutung. Mit der Diffusion sind eine Reihe von Effekten verbunden, wie *Thermodiffusion, Druckdiffusion,* → Diffusions-Thermo-Effekte *(Dufour-Effekt, Ludwig-Soret-Effekt),* → Knudsen-Effekt *(Thermische Effusion).*
Die Diffusion läßt sich aus der Transporttheorie ableiten.
→ Kreuz-Effekte, → Transport-Effekte
Lit.: [6a] [22a] [50 Bd. III] [72 – 77]

Diffusions-Thermo-Effekte TK (1856, 1872, 1879)

(Dufour-Effekt, Ludwig-Soret-Effekt)
In Lösungsmitteln gelöste Substanzen sollten sich bezüglich der Zustandsgleichung wie verdünnte Gase verhalten. Dabei muß es sich um dünne Lösungen handeln, und der Gasdruck muß durch den osmotischen Druck ersetzt werden. Verschiedene Temperaturen innerhalb der Lösung führen dann zu verschiedenen Konzentrationen.
Ludwig und später Soret haben gezeigt, daß sich in einer ungleichmäßig temperierten Lösung Konzentrationsunterschiede einstellen. Dies wird als *Ludwig-Soret-Effekt* (1856/1879) bezeichnet. Dufour hat den Umkehr-Effekt nachgewiesen: Durch die Diffusion zweier Substanzen in einer Lösung wird ein Temperaturgradient erzeugt, (*Dufour-Effekt* 1872).
Die Übersicht zeigt die Zusammenhänge:
Temperaturgradient → Teilchenstrom (Thermodiffusionsstrom): Ludwig-Soret-Effekt
Konzentrationsgradient → Wärmestrom (Temperaturgradient): Dufour-Effekt
DUFOUR, Louis,
schweiz. Physiker, 17. 2. 1832 – 1892
LUDWIG, Karl Friedrich Wilhelm,
29. 12. 1816 – 23. 4. 1895
SORET, Jacques,
30. 6. 1827 – ?
Ludwig, K. F. W., *Wien. Ber.* **20**, 539 (1856)
Soret, J., *Arch. Sci. Phys. Nat.* (3) **2**, 48 (1879)
Lit.: [23] [50 Bd. III, 1. Teil, 2. Abt.] [70]

Diffusionsnachwirkung

→ magnetische Nachwirkungs-Effekte

Dipol-Effekte AQ I

(Richt-Effekt, Induktions-Effekt)
Die zwischen valenzmäßig abgesättigten Molekülen auftretenden Kräfte werden als *van-der-Waalsche Kräfte* bezeichnet. Sie werden durch den Dipol- oder *Richt-Effekt,* den Induktions-Effekt und den → Dispersions-Effekt hervorgerufen. Beim Dipol-Effekt handelt es sich um die Kraftwirkung zwischen zwei permanenten Molekül-Dipolen.
Bei höheren Temperaturen muß man die Tatsache berücksichtigen, daß es zu Deformationen der Moleküle kommt, und dadurch zusätzlich elektrische Momente induziert werden *(Induktions-Effekt).*
Lit.: [75]

Dispersions-Effekte A

Unter Dispersion (bei Wellen) versteht man Abhängigkeit des Brechungsindex von der Wellenlänge oder der Frequenz. Damit wird auch die Phasengeschwindigkeit abhängig von der Wellenlänge. Je nachdem, ob die Änderung des Brechungsindex mit der Wellenlänge positiv oder negativ ist, spricht man von *normaler* oder *anormaler Dispersion.* Die Frequenzabhängigkeit der Materialkonstanten führt zu verschiedenen Effekten, z. B. werden die elektrooptischen oder magnetooptischen Effekte hierdurch beeinflußt. Die Dispersion spielt z. B. eine wichtige Rolle bei der optischen Nachrichtentechnik, weil sie die Impulsform von Lichtimpulsen beim Durchlaufen von Glasfasern beeinflußt.
Lit.: [72] [76]

Dispersions-Effekte AQ I

(interionische Wechselwirkung)
Aufgrund der Elektronenbewegung kommt es im Molekülverband zur Ausbildung von fluktuierenden Dipolen, die benachbarte Moleküle polarisieren. Diese als Dispersionskräfte bezeichneten Kräfte bilden den Hauptanteil bei der zwischenmolekularen Wechselwirkung.

Lit.: [74]

Dispersions-Effekt der Leitfähigkeit

→ Debye-Falkenhagen-Effekt

Dissoziationsspannungs-Effekt El (1931)

(M. Wien, L. Onsager 1934)
Bei schwachen Elektrolyten kann ein starkes elektrisches Feld eine Änderung der Dissoziation hervorrufen. Sie kann gegenüber dem normalen Spannungs-Effekt (→ Wien-Effekt) 5 bis 10 mal höher sein. Man findet daher eine entsprechende Erhöhung der Leitfähigkeit.

Das elektrische Feld bewirkt eine zusätzliche Aufspaltung nichtdissoziierter Moleküle, was eine Erhöhung der Leitfähigkeit bedeutet.

ONSAGER, Lars, norweg.-amerik. Physiker,
27. 11. 1903 – 5. 10. 1976,
Prof. in Baltimore, Providence u. New Haven.

Lit.: [22d]

Dissymmmetrie-Effekt

→ Galvanomagnetische Effekte

Doppelbrechung A

Die Erscheinung, daß sich in optisch anisotropen Medien eine einfallende Lichtwelle in zwei Teilwellen mit verschiedenen Ausbreitungsrichtungen aufspaltet, wird als Doppelbrechung bezeichnet. Die Teilwellen besitzen i. allg. verschiedene Normalenrichtungen und verschiedene Phasengeschwindigkeiten (Normalengeschwindigkeiten). Beide Teilwellen sind in nichtabsorbierenden Medien linear und zueinander senkrecht polarisiert.

Doppelbrechende Kristalle haben nichtkubische Symmetrie; zusätzlich unterscheidet man zwischen optisch einachsigen und optisch zweiachsigen Kristallen. Bei optisch einachsigen Kristallen ist die Geschwindigkeit einer Teilwelle, des *ordentlichen Strahles*, richtungsunabhängig. Die andere Teilwelle heißt *außerordentlicher Strahl.* Für den außerordentlichen Strahl stimmen Strahlgeschwindigkeit und Normalengeschwindigkeit nicht überein. Für beide Strahlen gilt das Snelliussche Brechungsgesetz mit dem zugehörigen Brechungsindex.

Breitet sich der ordentliche Strahl schneller (langsamer) aus als der außerordentliche, so heißt der Kristall einachsig positiv (negativ). Die Doppelbrechung einachsiger Kristalle dient u. a. zur Erzeugung linear polarisierter Strahlung.

Neben der natürlichen Doppelbrechung optisch anisotroper Kristalle gibt es noch die durch äußere Einwirkung hervorgerufene, künstliche Doppelbrechung normalerweise isotroper Medien: *Spannungs-Doppelbrechung, Dehnungs-Doppelbrechung, Strömungs-Doppelbrechung, elektrische Doppelbrechung* (→ elektrooptische Effekte), *magnetische Doppelbrechung* (→ magnetooptische Effekte).

Lit.: [6c] [22c] [50 Bd. II, 1] [76]

Doppler-Effekt, akustischer, Me (1842)

Wird eine Schallquelle in bezug auf einen Beobachter bewegt, so stellt dieser bei Annäherung eine Erhöhung, bei Entfernung eine Erniedrigung der Frequenz fest, mit der die Quelle schwingt. Dies kommt dadurch zustande, daß der Beobachter je nach Bewegungsrichtung pro Zeit mehr oder weniger Wellen registriert. Der akustische Doppler-Effekt wurde 1845 durch Buys-Ballot mit Hilfe fahrender Eisenbahnzüge nachgewiesen. Da Beobachter und Sender (oder die Quelle) unabhängig voneinander bewegt sein können, hängt die beobachtbare Frequenzänderung von den Geschwindigkeiten ab, mit denen sich Sender und Empfänger bewegen. Es zeigt sich, daß der Effekt nur von der Relativgeschwindigkeit abhängt.

→ Optischer Doppler-Effekt

DOPPLER, Christian,
östr. Physiker, 29. 11. 1803 – 17. 3. 1853
Prof. in Prag u. ab 1850 in Wien.

Doppler, Chr., *Abh. Kgl. Böhm. Ges.* III (1845)
Doppler, Chr., *Böhm. Ges. Wiss. N.F.* **5** 419 (1845)

Lit.: *Lehrbücher, Lexika,*

Doppler Effekt, optischer

→ Optischer Doppler-Effekt

Dorn-Effekt (1878) Ek

Hierunter versteht man auch das *Sedimentationspotential.* Wenn geladene feste Teilchen z. B. aufgrund des Gravitationspotentials durch eine Flüssigkeit fallen, so bildet sich eine Potentialdifferenz zwischen Flüssigkeitsoberfläche und Boden aus, die die Bewegung der Teilchen hemmt.

Die Umkehrung ist das *Strömungspotential.* Bei der Strömung einer Flüssigkeit durch eine Kapillare entsteht an den Enden derselben eine Potentialdifferenz.

DORN, Friedrich Ernst,
dt. Physiker, 27. 7. 1848 – 13. 6. 1916

Dorn, F. E., *Wiedem. Ann.* 10/64 (1880)
Dorn, F. E., *Wiedem. Ann.* 3/2 (1878)

Lit.: [12] [75] [77]

Drag-Effekt H

(Photon-Drag-, Phonon-Drag-Effekt)

Unter dem Drag-Effekt versteht man einen Transport-Effekt, der auf der Nichtgleichgewichtsverteilung von Phononen im Halbleiter beruht und damit die Ladungsträgerverteilung im Halbleiter beeinflußt. So bewirkt ein Temperaturgradient in einer Halbleiterprobe z. B. einen Phononenüberschuß an der wärmeren Seite, die dann Ladungsträger „anzieht". Man kann deshalb u. U. (bei tiefen Temperaturen) eine beträchtliche Erhöhung der Thermospannung beobachten.

Der Drag-Effekt muß bei allen Transporterscheinungen (thermoelektrische und thermomagnetische Erscheinungen) mitberücksichtigt werden.

Lit.: [2] [20] [75]

Dreh-Effekt, magnetischer Mo

Bei sehr schwachen magnetischen Feldern ist die Linienaufspaltung beim → Zeeman-Effekt wesentlich kleiner als die Dopplerverbreiterung. Daher kann die Aufspaltung nicht mehr beobachtet werden. Man kann sie aber nachweisen durch die Beobachtung der Polarisation bei der Fluoreszenz. Hierzu beobachtet man das Fluoreszenzlicht senkrecht zum schwachen Magnetfeld und zur Lichteinstrahlung, wobei der Polarisationsvektor des eingestrahlten Lichtes ebenfalls senkrecht zur Beobachtungsrichtung liegt. Die Ebene der Polarisation des Fluoreszenzlichtes ist gedreht.

Der Effekt läßt sich erklären durch die Bewegung eines klassischen Oszillators im magnetischen Feld, der eine Rosettenbewegung beschreibt, wenn Feld und Schwingungsrichtung aufeinander senkrecht stehen.

(→ Hanle-Effekt)

Lit.: [50 Bd. II, 2.2] [77]

Drossel-Effekt

→ Joule-Thomson-Effekt

Dufour-Effekt

→ Diffusionsthermo-Effekt

Dynamoelektrisches Prinzip (1866/1867) EM

(Werner v. Siemens)

Werner von Siemens ersetzte bei Gleichstromgeneratoren die Permanentmagnete durch Elektromagnete, die durch die Ankerspannung erregt werden *(Selbsterregung).* Er stellte fest, daß der Restmagnetismus im Eisenkreis eines Generators ausreicht, um eine geringe Spannung zu induzieren, die Remanenzspannung. Diese treibt einen kleinen Strom durch die Anker- und die parallele Erregerwicklung. Der Strom verstärkt den Magnetismus, so daß der Strom ansteigt usf. Die dadurch erzielbaren Magnetfelder sind nur durch die Sättigung des verwendeten Eisens begrenzt. Der Dynamo-Effekt bildet die Grundlage der gesamten Starkstromtechnik. Er wurde gleichzeitig von mehreren anderen Forschern entdeckt (z. B. Wheatstone), W. v. Siemens erkannte aber als erster die Bedeutung des Prinzips und formulierte die sich anbietenden Möglichkeiten, Energie überall dort, wo sie gebraucht wird, zur Verfügung zu stellen.

SIEMENS, Werner von,
dt. Erfinder u. Unternehmer
13. 12. 1816 Lenthe – 6. 12. 1892 Berlin,
1873 Mitgl. der Preuß. Akad. der Wiss.,

Siemens, W. v., *Sitzungsber. Dtsch. Akad. Wiss. Berlin*, 17. 1. 1867

Lit.: *Lehrbücher, Lexika* [50 Bd. IV, 1]

Early-Effekt (1953) HB

Hierunter versteht man bei Bipolartransistoren die Veränderung der Basisbreite in Abhängigkeit von der Basiskollektorsperrspannung. Die Basiskollektorsperrschicht dehnt sich in Abhängigkeit von der angelegten Sperrspannung aus. Der

Early-Effekt beeinflußt besonders die Ausgangsadmittanz und die Rückwirkungsadmittanz des Transistors. (→ Transistor-Effekt)

Early, J. M., *Proc. IRE* **40,** 1401 (1953)
Early, J. M., *Bell Syst. Tech. J.* **32,** 517 (1954)
Malhi, S. D., Salama, C. A., *Solid State Electron.* **21,** 9, 1187–1190 (1978)
Lit.: [63] [84 Bd. III]

Edison-Effekt → Richardson-Effekt

Einsalz-Effekt → Aussalz-Effekt

Effekte in Elektrolyten El

Elektrolyte sind Stoffe, die in geschmolzenem Zustand oder in meist wässriger Lösung in Ionen dissoziieren. Die elektrische Leitfähigkeit ist durch die Beweglichkeit der Ionen bestimmt. Folgende Gruppen von Experimenten ergeben ein Verständnis der Vorgänge in Elektrolyten: Vorgänge an den Elektroden (z. B. Faradaysche Gesetze), Vorgänge im Innern des Elektrolyten (Dissoziation), spezielle Effekte wie z. B. → Brems-Effekte, → Debyesche Effekte, Energieaufwand bzw. -gewinn bei elektrochemischen Prozessen und die → elektrokinetischen Effekte.
Lit.: [6b] [6d] [22b] [50 Bd. IV, 4]

Effusion → Knudsen-Effekt

Einsteinsche Effekte R

Aus der Allgemeinen Relativitätstheorie lassen sich drei wesentliche Effekte ableiten, die als Einsteinsche Effekte bezeichnet werden. Es sind dies die → Periheldrehung der Planeten, die → Lichtablenkung im Gravitationsfeld eines massereichen Sterns und die →gravitative Frequenzschiebung von Spektrallinien. Die Effekte ergeben sich aus der Lösung der Einsteinschen Feldgleichungen.

Einstein, Albert,
dt.-amer. Physiker, 14. 3. 1879–18. 4. 1955
Lit.: [6c] [10] [59]

Einstein-De Haas-Effekt (1915) EM

(Umkehrung des → Barnett-Effektes von O. W. Richardson 1908 vorausgesagt.)
Hierbei wird ein frei aufgehängter Eisenstab als Folge einer plötzlichen Magnetisierung in Rotation versetzt. Der Effekt wird, wie auch der Barnett-Effekt, durch die Erhaltung des gesamten Drehimpulses erklärt. Das Experiment beweist, daß das magnetische Moment, z. B. der Eisenatome, von kreisenden und kreiselnden Elektronen herrührt. Der Effekt selbst ist sehr klein.

Einstein, Albert,
dt.-amer. Physiker 14. 3. 1879–18. 4. 1955
Haas, Wander Johannes de,
niederl. Physiker, 2. 3. 1878–26. 4. 1960

Einstein, A., *Verh. Dtsch. Phys. Ges.* **17,** 152 (1915)
Einstein, A., ebenda, **18,** 173 (1916)
de Haas, W. J., ebenda **18,** 173 (1916)
Barnett, S. J., *Rev. Mod. Phys.* **7,** 129 (1935)
Lit.: [6b] [17] [50 Bd. IV, 4]

Einstell-Effekte A

Einstell-Effekte beruhen auf der Einstellung magnetischer Atom- oder Molekülmomente in die Richtung eines äußeren magnetischen Feldes. Analoges gilt für das Einstellen elektrischer Dipole, bzw. der Dipolmomente von Atomen oder Molekülen im elektrischen Feld.
(→ Stern-Gerlach-Effekt, → elektrooptische Effekte, → magnetooptische Effekte)
Lit.: [45]

Elastischer Form-Gedächtnis-Effekt

→ Memory-Effekt

Elektrische Doppelbrechung

→ elektrooptische Effekte

Elektroendosmose

→ elektrokinetische Effekte, → Elektroosmose

Elektrokalorischer Effekt T

Hierunter versteht man eine adiabatische Abkühlung ähnlich dem *magnetokalorischen Effekt* bei tiefen Temperaturen. Hierbei wird die Änderung einer Größe ausgenützt, die von der Entropie des Systems abhängt. Man richtet durch Druck oder ein elektrisches Feld die Dipole der Moleküle von Ionenmischkirstallen aus. Bei tiefen Temperaturen nimmt man z. B. das Feld weg, und die Molekülrichtungen können sich auf zwei zusätzliche Freiheitsgrade verteilen. Dem entspricht eine Temperaturerniedrigung von wenigen Grad.

Der Effekt läßt sich zum Erreichen tiefer Temperaturen ausnützen.
Lit.: [3] [6d] [75]

Elektrokalorischer Effekt ET
→ Pyroelektrischer Effekt

Elektrokapillarität (1875) Ek
Die mechanische Oberflächenspannung von Flüssigkeiten ist von ihrem Ladungszustand abhängig. Dies wird bei der Elektrokapillarität ausgenutzt. Die Veränderung der Höhe des Miniskus eines Quecksilberfadens in einer Kapillare durch eine elektrische Spannung ist ein Maß für die Spannung. Kapillarelektrometer haben heute kaum noch eine Bedeutung.

Lippmann, G., *Ann. Chim. Phys.* (5) **5**, 594 (1875)
Lit.: [6b, 22b, 50 Bd. IV, 4, 69, 77]

Elektrokinetische Effekte Ek
An der Grenze eines elektrochemischen Zweiphasen-Systems kann es aufgrund einer angelegten Spannung zu einer Bewegung einer Phase gegenüber der anderen kommen. Durch eine Bewegung der Phasen gegeneinander kann ein elektrisches Potential entstehen. Man unterscheidet folgende Effekte: → Elektrophorese (Kataphorese, Anaphorese), → Elektroosmose (Elektroendosmose), → Strömungsstrom (Diaphragmenstrom) und Strömungsspannung (Strömungspotential), → Dorn-Effekt, → Elektrokapillarität, → Elektroviskoser Effekt.
Die beiden folgenden Tabellen geben einen Überblick über die Zusammenhänge:

Tabelle 3.

	bewegt ein elektrischer Strom	Name
Innerhalb ruhender Wände	eine Flüssigkeit	Elektroosmose
Innerhalb ruhender Flüssigkeiten	feste, geladene Teilchen	Elektrophorese

Tabelle 4.

	wird ein elektrischer Strom erzeugt durch die Bewegung von	Name
Innerhalb ruhender fester Wände	einer Flüssigkeit	Strömungsstrom Diaphragmenstrom
Innerhalb ruhender Flüssigkeiten	festen geladenen Teilchen	Kataphoretische Ströme Dorn-Effekt

Lit.: [6b] [22d] [24] [50 Bd. IV, 4]

Elektronen-Tunnel-Effekt (1960) S
Bei Supraleitern, die durch eine dünne Isolierschicht, deren Dicke weniger als 10^{-9} m beträgt, getrennt sind, wird das Durchtunneln einzelner Elektronen als Elektronen-Tunnel-Effekt bezeichnet. Man findet eine nichtlineare Stromspannungscharakteristik, wenn ein oder beide Metalle supraleitend werden.
→ Josephson-Effekte

Giaever, I., *Funkschau* **33**, 107 (1961)
Giaever, I., und Megerle, K., *IRE Trans. Electron Devices,* ED-**9**, 469 (1962)
Lit.: [11] [15] [44] [75]

Elektronischer Kerr-Effekt
→ Kerr-Effekt

Elektroosmose Ek
(Elektroendosmose)
Unter dem Einfluß eines elektrischen Feldes bewegen sich in einer Flüssigkeit suspendierte, geladene Teilchen durch ein Diaphragma. Man verwendet den Effekt z. B. bei der Entwässerung von Torf, bei der Reinigung von Kieselerde bzw. von Tonerde.
Lit.: [24] [50 Bd. IV, 4]

Elektrooptische Effekte Eo
Bei den elektrooptischen (und magnetooptischen) Effekten (s. Tab. 41) gibt es zwei große Gruppen: 1. Die Änderung der optischen Eigenschaften eines Materials durch äußere Felder,

2. die Änderung der Emission von Lichtquellen in äußeren Feldern.

1. Licht läßt sich beim Durchgang durch optisch transparente Materialien durch elektrische Felder beeinflussen. Es sind zwei experimentelle Anordnungen denkbar: Beobachtung in Richtung des Feldes und senkrecht dazu. Dabei läßt sich bei festen oder flüssigen Stoffen die Brechzahl verändern, man erhält Doppelbrechung bzw. eine Drehung der Polarisationsebene.

2. Lichtemittierende Atome im elektrischen Feld zeigen eine charakteristische Linienaufspaltung. Diese kann je nach der Anzahl der beteiligten Hüllenelektronen sehr kompliziert werden.

Tabelle 5. Elektrooptische Effekte.

es ergibt sich / Es wirkt ein elektrisches Feld	Änderung des Brechungsindex, der Polarisationsrichtung	Linienaufspaltung
transversal zur Ausbreitungsrichtung	Kerr-Effekt (elekrooptischer Kerr-Effekt), Neugebauer Effekt	Stark-Effekt linearer Stark-Effekt quadratischer Stark-Effekt
longitudinal zur Ausbreitungsrichtung	Pockels-Effekt, lineare Doppelbrechung	–

Lit.: [6c] [18] [22c] [50 Bd. II, 2.2]

Elektrooptische Doppelbrechung

→ Kerr-Effekt

Elektrophorese Ek

(Reuss 1807, Wiedemann 1852; Quincke 1861)
(Kataphorese, Anaphorese)

Unter der Elektrophorese versteht man die Wanderung elektrisch aufgeladener, in einer Flüssigkeit suspendierter oder kolloidaler Teilchen in einem elektrischen Feld. Die Elektrophorese hat eine große Bedeutung für die analytische Chemie und in der Medizin. Die Umkehrung der Elektrophorese wird als *elektrophoretisches Potential* bezeichnet, die so entstehenden Ströme als *elektrophoretische Ströme.*

→ Dorn-Effekt

QUINCKE, Georg Hermann,
dt. Physiker, 19. 11. 1834 – 13. 1. 1924

Lit.: [24] [50 Bd. IV, 4]

Elektrophoretischer Effekt

→ Brems-Effekte

Elektrophoretisches Potential

→ Elektrophorese

Elektrophoretische Ströme

→ Elektrophorese

Elektrophotolumineszene

→ Lumineszenz-Effekte

Elektrostriktion ET

Unter dem Einfluß elektrischer Felder kann es bei Isolatoren zu Form- und Volumenänderungen bzw. elastischen Spannungen kommen (Elektrostriktion), wobei die durch Kondensatorkraftwirkung entstehenden Änderungen nicht gemeint sind. In zentralsymmetrischen Kristallen hängt die Deformation vom Quadrat der elektrischen Spannung und damit vom Quadrat der Polarisation ab und ist unabhängig von der Richtung. Überlagert man ein elektrisches Wechselfeld, so wird ein linearer und ein quadratischer Wechselfeld-Elektrostriktions-Effekt beobachtet, der oberhalb einer für das Material charakteristischen Frequenz (Relaxationsfrequenz) verschwindet, da die Dipole im Material dem Feld bei der Umorientierung nicht mehr folgen können.

Elektrostriktion wird auch in Flüssigkeiten beobachtet. Hier führt die Elektrostriktion u. U. zu einer Volumenabnahme, weil die Dipole der Flüssigkeit komprimiert werden.

Die quadratische Elektrostriktion hat eine geringe technische Bedeutung.

→ piezoelektrischer Effekt

Guntersdorfer, M., *Phys. Unserer Zeit* **7**, 48 (1976)

Lit.: [6b, 18, 22b, 50 Bd. IV, 4]

Elektrothermischer Inhomogen-Effekt
→ Thermoelektrische Effekte, Stromleitungs-Effekte

Elektroviskoser Effekt Ek
Hierunter versteht man die Veränderung der Viskosität bei einigen Kolloiden bei elektrolytischen Zusätzen. Jede Flüssigkeitsströmung in einer Kapillare erzeugt ein Strömungspotential, das eine elektroosmostische Flüssigkeitsbewegung in entgegengesetzter Richtung verursacht. Dies hat eine scheinbare Erhöhung der Viskosität zur Folge.
Lit.: [75]

Eliasfeuer → Korona-Effekt

Elmsfeuer → Korona-Effekt

Emitter-Dip-Effekt (1968) HB
Dieser Effekt tritt als Stör-Effekt bei der Diffusion im Basis- und Emitterbereich eines Transistors bei abnehmender Dotierungs-Konzentration im Kristallinnern auf. Hierdurch wird die minimale Basisweite bei Hochfrequenztransistoren und damit die Transistorfrequenzgrenze beschränkt. Während des Dotiervorganges des Emitters schiebt die Dotierungsfront die der Basis weiter.
Willoughly, A. F. W., *J. Mater. Sci.* **3**, 89 (1968)
Lit.: [84 Bd. III]

Energie-Effekt → Rotverschiebung

Eötvös-Effekt (1919) Me
In gegenüber der Erdoberfläche bewegten Systemen kommt es aufgrund der *Coriolis-Kraft* zu einer Änderung der Schwerebeschleunigung.
Bewegt sich ein Körper von Westen (Osten) nach Osten (Westen), so rotiert er schneller (langsamer) als die Erde. Wegen seiner größeren (kleineren) Zentrifugalbeschleunigung erscheint er leichter (schwerer).
Die Erdbeschleunigung wird daher kleiner (größer).
Für einen sich mit ± 60 km h^{-1} bewegenden Körper von 100 kg ergibt sich eine Veränderung des Gewichtes von ∓ 15 g.
Eötvös hat diesen Effekt mit einer Waage nachgewiesen, die sehr rasch um ihren Aufhängepunkt rotiert. Man beobachtet eine Neigung des Waagebalkens.
Der Effekt wird bei Resonanz groß.
EÖTVÖS, Loránd Baron von,
ung. Physiker, 27. 7. 1848 – 8. 4. 1919, seit 1872 Prof. in Budapest
Eötvös, L., *Ann. Phys. Leipzig* **59**, 10, (1919)
Eötvös. L., *Ann. Phys. Leipzig* **68**, 56, (1922)
Lit.: [6a, 22a, 69, 73, 76]

Eötvös-Versuch (1909) R
Eötvös führte 1909 folgenden Versuch durch, um die Gleichheit von schwerer und träger Masse nachzuweisen: An einer Drehwaage werden Materialien unterschiedlicher Dichte befestigt. Es wirken die tangentialen Komponenten von Schwerkraft und Zentrifugalkraft auf die schwere bzw. träge Masse. Sind schwere und träge Masse verschieden, so muß eine Neigung der Waage, bzw. Verdrillung des Fadens, an dem die Waage hängt, zu beobachten sein. Die Meßunsicherheit der Anordnung war kleiner als 10^{-9}. Es konnte kein Unterschied zwischen träger und schwerer Masse festgestellt werden.
Lit.: [6a, 22a, 69, 73, 76]

Ettingshausen-Effekt
→ galvanomagnetische Effekte

Ettingshausen-Nernst-Effekt
→ Thermonagnetische Effekte

2. Ettingshausen-Nernst-Effekt
→ Thermomagnetische Effekte

Fano-Effekt (1969) AQ II
Man beobachtet an Alkali-Atomen, daß die bei der Absorption von zirkularpolarisiertem Licht entstehenden Photoelektronen eine Spinpolarisation zeigen. Dabei muß der Spin der absorbierten Photonen in oder entgegengesetzt zur Ausbreitungsrichtung des Lichtes sein.
Der Effekt kommt durch die Abhängigkeit des Wirkungsquerschnittes für die Photoionisation von der Spinrichtung der Elektronen zustande.
Man verwendet den Effekt zur Erzeugung polarisierter Elektronen.
FANO, Ugo,
it.-amerik. Physiker, 28. 7. 1912 (Turin)
Fano, U., *Phys. Rev.* **178**, 131 (1969)

Keßler, J., *Phys. Blätter* **27**, 161 (1971)
Keßler, J., *Phys. Blätter* **38**, 31 (1982)
Keßler, J., *Phys. Unserer Zeit* **6**, 40 (1975)
Lit.: [75]

F-Effekt → Substituenten-Effekt

Faraday-Effekt (1845) Mo

(Magnetrotation, magnetische Drehung der Polarisationsebene)
Bei linear polarisierten elektromagnetischen Wellen kommt es in optisch inaktiven Materialien zu einer Drehung der Polarisationsebene, wenn parallel zur Ausbreitungsrichtung des Lichtes ein magnetisches Feld vorhanden ist. Der Drehwinkel ist der Länge der durchstrahlten Substanz und der magnetischen Feldstärke proportional.
Die Proportionalitätskonstante wird nach Verdet benannt, der den Effekt zusammen mit Wiedemann genau vermessen hat.
Eine Verwendung findet der Effekt in der modernen Optik in Verbindung mit Lasern und im Mikrowellenbereich, z. B. als Modulator.
Im Gegensatz zum → Cotton-Mouton-Effekt und zur optischen Aktivität ist der Faraday-Effekt nicht reziprok: Reflektiert man das aus der Substanz austretende Licht in sich, so wird der Drehwinkel verdoppelt.

FARADAY, Michael,
engl. Naturforscher, Physiker u. Chemiker, 22. 9. 1791 – 25. 8. 1867
WIEDEMANN, Gustav Heinrich,
2. 10. 1826 Berlin – 23. 3. 1899 Leipzig
VERDET, Marc Emile,
13. 3. 1824 – 3. 6. 1866

Faraday, M., *Philos. Mag.* (3) **29**, 153 – 156, (1846)
Faraday, M., *Philos. Trans. R. Soc. London,* 1 (1846)
Faraday, M., *Pogg. Ann.* **68**, 105 (1846)
Wiedemann, G., *Pogg. Ann.* **82**, 215 (1851)
Verdet, E., *Ann. Chim. Phys.* **41**, 570 (1854)
Lit.: [3, 6c, 9, 22c, 26, 50 Bd. II, 2.2]

Feld-Effekt (1926) EM

(Autoelektronenemission)
Hierunter versteht man die Emission von Elektronen im Hochvakuum aus feinen metallischen Spitzen bei anliegender Hochspannung. Eine Verwendung findet der Effekt beim Feldelektronen-Mikroskop, bei dem die Spitze auf einen Fluoreszenzschirm abgebildet wird. Dabei wird die Kristallstruktur sichtbar.

Rother, F., *Ann. Phys.* Leipzig **81**, 317 (1926)
de Bruyne, N. A., *Phys. Rev.* **35**, 172 (1930)
Lit.: [50 Bd. IV, 4]

Feld-Effekt H

Ein elektrisches Feld bewirkt in Halbleitern eine örtliche Änderung der Ladungsträgerkonzentration. Man verwendet den Effekt bei den Feld-Effekt-Transistoren sowie in MOS-Schaltkreisen für Widerstände und Dioden.
Lit.: [53]

Feld-Effekt → Flüssigkristall-Effekte

Feldstärke-Effekt → Wien-Effekt

Ferrorelektrischer Barkhausen-Effekt EM

In einem Ferroelektrikum beobachtet man den zum magnetischen → Barkhausen-Effekt analogen Vorgang: Ändert man in einem Ferroelektrikum die Polarisationsrichtung bei niedrigen elektrischen Feldstärken, so ist das Umklappen ferroelektrischer Domänen zu beobachten. Eine zu rasche Änderung äußert sich in einem Rauschen. Das statistische Umklappen ferroelektrischer Bereiche (Polarisationsrichtungen) ist mit der Entstehung von Ladungsimpulsen gekoppelt, die sich mit hochempfindlichen Meßgeräten nachweisen lassen.
Der Effekt hat praktisch kaum Bedeutung. Er tritt z. B. in Gadolinium Molybdat auf.
Lit.: [77]

Fizeauscher Versuch (1851) O

(Fizeau-Effekt)
Fresnel sagte 1818 voraus, daß sich die Lichtgeschwindigkeit und die Geschwindigkeit des Körpers, in dem sich das Licht ausbreitet, nicht einfach addieren. Dies wurde 1851 von Fizeau experimentell bewiesen: Man spaltet paralleles Licht in zwei Teilstrahlen auf und läßt sie durch zwei Rohre laufen, in denen etwas Wasser mit hoher Geschwindigkeit z. B. im Uhrzeigersinn fließt. Das am anderen Ende der Rohre austretende Licht wird so reflektiert, daß Licht aus Rohr eins in Rohr zwei und umgekehrt gelangt. Es handelt sich also um ein Ringinterferometer. Man beob-

achtet nun die Verschiebung der Interferenzstreifen. Die Lichtgeschwindigkeit im Körper läßt sich durch den sog. *Fresnelschen Mitführungskoeffizienten* berechnen. Die aufgrund des Mitführungskoeffizienten berechnete Verschiebung stimmte mit der gemessenen innerhalb der Fehlergrenzen überein.
Der Mitführungskoeffizient ergibt sich aus der Relativitätstheorie zwanglos, und es zeigt sich, daß er die erste Näherung darstellt, welche im allgemeinen ausreicht. H. A. Lorentz hat darauf hingewiesen, daß sich die Wellenlänge des Lichtes im bewegten Körper ändern muß. (Doppler-Effekt). Damit ist auch eine Änderung des Brechungsindex verknüpft. Diese Tatsache wurde von Zeeman nachgewiesen und folgt ebenso aus der Relativitätstheorie.

FIZEAU, Armand Hippolyte Louis, fr. Physiker, 23. 9. 1819 – 18. 9. 1896, Venteuil

Fizeau, A. H., *Ann. Phys.* **82,** 124 – 127 (1851)
Fizeau, A. H., *C. R.* **33,** 349 (1851)
Buchwald, E., *Naturwissenschaften,* 519 – 524 (1951)
Ramsauer, C.: *Grundversuche der Physik in historischer Darstellung* Bd. 1. Springer, 1953
Lit.: [6c, 22c, 61 Bd. IV, 72 – 78]

Flüssigkristall-Effekte Fk

Flüssigkristalle sind seit fast 100 Jahren bekannt. Lange Zeit war das Interesse an Stoffen, die weder Flüssigkeit noch Kristall, noch fester Körper sind, verschwindend klein. Flüssige Kristalle verhalten sich wie eine Flüssigkeit, nehmen also die Form eines Behälters an, und haben auf der anderen Seite ein typisch kristallines Verhalten. Flüssigkristalline Verbindungen sind immer organisch. Sie haben eine gestreckte planare, in gewissen Grenzen starre Molekülstruktur. Die langen und stäbchenförmigen Moleküle haben ein starkes elektrisches Dipolmoment oder sind leicht polarisierbar. Man unterscheidet zwischen cholesterinischen, smektischen und nematischen Flüssigkristallen. In Flüssigkristallen lassen sich thermooptische und elektrooptische Effekte nachweisen. Von besonderem Interesse sind elektrooptische Effekte bei nematischen Flüssigkristallen. Eine weite Verbreitung haben Flüssigkristalle als Anzeige bei Uhren und Taschenrechnern.

Lit.: Kobale, M., und Krüger, H., *Phys. Unserer Zeit* **6,** 66 (1975)

Bistabilitäts-Effekt
(Hysterese-Effekt)
Beim Bistabilitäts-Effekt wird in speziellen cholesterinischen Flüssigkristallen wie bei der Textur-Umschaltung zwischen der cholesterinischen und der nematisch-homöotropen Textur geschaltet. Dabei tritt eine Hysterese und damit ein bistabiles Verhalten auf.

DAP-Effekt
Bei der **D**eformation **a**ufgerichteter **P**hasen (DAP) sind die Moleküllängsachsen des Flüssigkristalls mit negativer Anisotropie der Dielelektrizitätskonstanten ursprünglich senkrecht zu den Elektrodenoberflächen orientiert. Die Flüssigkristalle orientieren sich durch Wandkräfte und zwischenmolekulare elastische Kräfte spontan. Durch ein elektrisches Feld wird ein zusätzliches elektrisches Drehmoment auf die Moleküle ausgeübt. Wird eine bestimmte Feldstärke überschritten, so kommt es zu einer Deformation der Ausgangsorientierung. Es zeigt sich, daß die Lichtdurchlässigkeit der Schicht zwischen gekreuzten Polarisatoren eine Funktion der anliegenden Feldstärke ist, die den Deformationswinkel (variable Doppelbrechung) bestimmt.
Mit DAP-Zellen lassen sich spannungsabhängige Farben erzeugen.

Elektrohydrodynamische Effekte
Elektrodynamische Effekte in nematischen Flüssigkeiten sind mit einem Stromfluß und einer mechanischen Flüssigkeitsströmung verknüpft. Bei der dynamischen Streuung von Licht wird die einheitliche orientierte nematische Flüssigkristallschicht im elektrischen Feld durch eine hydrodynamische Turbulenz lichtstreuend.

Feld-Effekte
Die Dielektrizitätskonstante von Flüssigkristallen hat eine starke Anisotropie: Das Dipolmoment zeigt entweder in die Richtung der Molekülachse oder bildet einen deutlichen Winkel mit ihr. Ein äußeres elektrisches Feld bewirkt daher ein Drehmoment auf die Moleküle, so daß es bei positiver Anisotropie der Dielektrizitätskonstanten zu einer Ausrichtung der Moleküle in Feldrichtung kommt. Wegen der starken Doppelbrechung oder der Drehung der Polarisationsrichtung um 90° wird dies zwischen Polarisatoren auch in dünnen Schichten sichtbar.

Gast-Wirt-Effekt
(guest-host-effect)
Werden in einem Flüssigkristall Farbstoffmoleküle, die die Eigenschaft haben, Licht einer Polarisationsrichtung zu absorbieren, gelöst, so orientieren sich die Farbstoffmoleküle nach den Flüssigkristallmolekülen. Da das Absorptionsspektrum dieser Moleküle eine Funktion von ihrer Orientierung und von der Polarisationsrichtung des einfallenden Lichtes ist, wird je nach Orientierung die charakteristische Farbe des Farbstoffes erscheinen oder weißes Licht.

Schadt-Helfrich-Effekt (1971)
Beim Schadt-Helfrich-Effekt ist eine nematische Flüssigkristallschicht, die eine positive Anisotropie der Dielektrizitätskonstante hat, parallel zu den Grenzflächen orientiert. Die Anordnung ist so gewählt, daß die Moleküle in der Flüssigkristallschicht um 90° verdrillt sind. Läßt man linear polarisiertes Licht durch die Flüssigkristallschicht durchtreten, so wird die Polarisationsebene ebenfalls um 90° gedreht. Ohne äußeres Feld ist eine solche Schicht zwischen gekreuzten (parallelen) Polarisatoren lichtdurchlässig (lichtundurchlässig).
Mit Feld wird die Schicht zwischen gekreuzten (parallelen) Polarisatoren lichtundurchlässig (lichtdurchlässig).
Lit.: Schadt, M., und Helfrich, W., *Appl. Phys. Lett.* **18,** 127 (1971)

Speicher-Effekt
Beim *Heilmeier-Speicher-Effekt* wird eine cholesterinische Flüssigkristallschicht durch eine elektrohydrodynamische Turbulenz lichtstreuend. Der Zustand wird erst ab einer bestimmten kritischen Feldstärke erreicht. Die cholesterinische Textur ist transparent, wobei die Achse des Kristalls senkrecht zur Schichtebene ist. Das elektrische Feld dreht die Achse. Die entstehende Textur wird *fokalkonisch* genannt. Sie ist stark doppelbrechend und inhomogen. Dies führt zur Streuung und Depolarisierung von Licht. Der fokalkonische Zustand ist metastabil und kann auch im feldlosen Zustand über längere Zeiten erhalten bleiben. Mit einem höherfrequentierten Feld kann man ihn wieder löschen.

Textur-Umwandlungs-Effekt
Dies ist ein Sonderfall des → Speicher-Effektes in cholesterinischen Flüssigkristallen mit positiver Anisotropie der Dielektrizitätskonstanten.
Beim Textur-Umwandlungs-Effekt wird zwischen einer cholesterinischen (fokalkonischen) und einer nematischen Textur hin und her geschaltet. Man nützt aus, daß durch eine geeignete Vorspannung nahe der Schwellspannung die Einschaltzeit kürzer, die Ausschaltzeit länger wird.

Thermooptischer Effekt
Hierunter versteht man die Änderung der optischen Eigenschaften von Materialien unter dem Einfluß einer Wärmestrahlung. Effekte dieser Art sind besonders ausgeprägt bei Flüssigkristallen. Man kann ihn als Wärme-Detektor anwenden.
Lit.: [29d]

Foldy-Effekt (1951) AQ II

Neutronen haben im Inneren Bereiche nichtverschwindender Ladungsverteilung, die u. a. das anomale magnetische Moment des Neutrons hervorrufen. Das Neutron führt um seinen mittleren Ort Zitterbewegungen aus, so daß ein elektrisches Feld entsteht, mit dem ein Elektron wechselwirken kann.
Dieser Effekt muß in der relativistischen Theorie berücksichtigt werden und ergibt die sog. *Foldy-Terme.*
Lit.: [75]

Fontänen-Effekt → Onnes-Effekte

Form-Effekt → Magnetostriktion

Fountain-Effekt → Onnes-Effekte

Foucaultscher Versuch (1850) Me

Die Ebene eines schwingenden Pendels bleibt aufgrund der Coriolis-Kraft im Raum nicht fest. Viriani hat 1661 diesen Effekt zum ersten Mal beobachtet. Im Jahre 1850 hat Foucault in Paris die Erddrehung nachgewiesen, indem er ein Pendel von 67 m Länge und einer Pendelmasse von 28 kg benützte. Die Bahn des Pendels ist eine Rosette. Die Drehung der Ebene hängt von der geographischen Breite ab und beträgt z. B. für Berlin etwa 12° pro Stunde.
FOUCAULT, Jean Bernard Léon,
fr. Physiker u. Astronom,
18. 9. 1819 – 11. 2. 1868, Paris
Lit.: [6a] [13a] [27 Bd. I]
Ann. Chim. Phys. Ser. III T XXXV (1852)

Franck-Condon-Prinzip (1926) AQ II

Das Franck-Condon-Prinzip besagt, daß sich bei einem optischen Übergang der Kernabstand und der Impuls der Atome bzw. Moleküle nicht wesentlich ändern. Die intensiven, mit einem Elektronensprung verbundenen Schwingungsübergänge der Molekülbanden finden bevorzugt an den Umkehrpunkten der Schwingung statt. Die Elektronen erreichen das Endniveau ebenfalls im Umkehrpunkt der Schwingung. Die Umordnung der Elektronen geht so schnell vor sich, daß die Kerne der Moleküle sich praktisch nicht bewegen. Trägt man die Schwingungszahlen von Anfang- und Endzuständen der Übergänge in ein rechtwinkliges Koordinatensystem ein, so ergeben sich die *Franck-Condon-Parabeln*. Deren „Öffnung“ ist bestimmt durch die mit dem Übergang verbundene Änderung der Bindungsenergie.

FRANCK, James,
dt. Physiker, 26. 8. 1882 – 21. 5. 1964,
ab 1916 Prof. in Berlin, 1920 – 1933 in Göttingen, 1938 – 1947 in Chicago.

CONDON, Edward Uhler,
amerik. Physiker, 2. 3. 1902 – 26. 3. 1974
Prof. in Princeton u. Saint Louis

Franck, J., *Z. phys. Chem.* **120**, 144 (1926)
Condon, E. U., *Phys. Rev.* (62) **32**, 858 (1928)
Lit.: [6d, 7, 17, 22d, 67, 70 Bd. II, 90]

Franck-Hertz-Versuch (1913) AQ II

Franck und Hertz konnten bei Experimenten zur Elektronenstoßanregung zeigen, daß Atome diskrete Energieniveaus besitzen: In einem mit Quecksilberdampf gefüllten Rohr werden Elektronen beschleunigt. Mit anwachsender Spannung nimmt zunächst der Strom zu. Die Elektronen können die leicht negativ vorgespannte Auffangelektrode durch die Beschleunigungselektrode hindurch erreichen. Bei einer bestimmten Spannung nimmt der Strom plötzlich ab: Die Energie der Elektronen ist so groß geworden, daß sie ihre Energie durch inelastische Größe an das Quecksilberatom abgeben können. Sie erreichen dann nicht mehr die Auffangelektrode. Die erste Anregungsstufe liegt bei 4,9 eV, und man kann die zugehörige Emission bei $\lambda = 253{,}7$ nm direkt beobachten. Man beobachtet weitere Resonanzen bei ganzzahligen Vielfachen von 4,9 eV. Die Versuche bilden dann eine wesentliche Stütze der Bohrschen Theorie.

FRANCK: → Franck-Condon-Prinzip

HERTZ, Gustav,
dt. Physiker, 22. 7. 1887 – 30. 10. 1975 Berlin,
seit 1925 Prof. in Halle, 1928 – 1944 in Berlin,
1945 – 1953 in der Sowjetunion (Suchumi),
seit 1954 Prof. in Leipzig.

Franck, J., und Hertz, G., *Verh. Dtsch. Phys. Ges.* **15**, 34 (1913)
Lit.: [6d, 7, 17, 22d, 41, 66, 70 Bd. II, 79, 90]

Franz-Keldysh-Effekt (1958) H

(Elektro-Absorption und Reflexion)

Ein elektrisches Feld bewirkt bei Halbleitern und Isolatoren eine Verschiebung der optischen Absorptionskante nach kleineren Photonenenergien. Im elektrischen Feld ergibt sich eine endliche Aufenthaltswahrscheinlichkeit für Elektronen im verbotenen Energiebereich nahe der Bandkante. Hierdurch wird in diesem Bereich die Absorption für eine feste Photonenenergie mit zunehmender Feldstärke größer. Dies kann als Verschiebung der Absorptionskante interpretiert werden. Beispielsweise bewirkt ein Feld von $5 \cdot 10^4$ V/m eine Verschiebung um etwa 10 meV. Die Reflexion wird ebenso beeinflußt. Der Effekt läßt sich wegen seiner geringen Trägheit zur Modulation von Licht bis zu hohen Frequenzen verwenden. Weiter beeinflußt er das Verhalten von Infrarotdetektoren.

Franz, W., *Z. f. Naturf.* **13a**, 484 (1958)
Keldysh, L. V., *Sov. Phys. JETP*, **34**, 665 (1958)
Chambuleyron, I. E., *Solid State Electron.* **7**, 605 (1976)
Lit.: [6d] [75]

Fraunhofer-Beugung → Beugung

Fresnel-Beugung → Beugung

Funkel-Effekt

Bei Oxydkathoden bzw. bei allen Kathoden, die nicht aus reinen Metallen bestehen, können im Betrieb plötzliche Schwankungen der Austrittsarbeit infolge Änderungen der Kathodenoberfläche auftreten. Diese Schwankungen der Austrittsarbeit verursachen Schwankungen des Anodenstromes, die sich infolge ihrer statistischen Verteilung als Rauschen bemerkbar machen.

Der Funkel-Effekt übersteigt den normalen → Schrot-Effekt zum Teil um mehrere Größenordnungen. Sein Frequenzspektrum liegt etwa im Frequenzbereich unterhalb von 1 kHz. Ähnliche Anodenstromschwankungen einer Röhre wie durch den Funkel-Effekt können auch durch Eindringen von positiven Ionen in die vor der Kathode liegende Raumladung auftreten. Dieser Effekt wird als *anomaler Funkel-Effekt* bezeichnet und tritt bei allen Kathoden, besonders bei Wolfram- und Molybdänkathoden auf.

→ Schottky-Effekt

Rothe, H., und Kleen, W.: *Elektronenröhren als Anfangsstufenverstärker*

Bartels, H., 2. Aufl. Leipzig 1948, S. 314, *Grundlagen der Verstärkertechnik,* Leipzig 1954

Lit.: [76] [85]

Galvanomagnetische Effekte Ga

Unter diesem Begriff werden die Effekte zusammengefaßt, die in einem im homogenen Magnetfeld befindlichen Leiter auftreten, der nur von einem Strom durchflossen ist:

Hall-Effekt, Anomaler Hall-Effekt, Corbino-Effekt, Dissymmetrie-Effekt, Ettingshausen-Effekt, Änderung des elektrischen Widerstandes im Magnetfeld (Thomson-Effekt), Peltier-Effekt zwischen magnetisiertem und unmagnetisiertem Material (Nernst-Effekt).

Lit.: [1, 6b, 20, 22d, 30, 38 Bd. VIII, 50 Bd. IV, 4, 53, 62, 71]

Corbino-Effekt (1911)

Der Corbino-Effekt ist eine Kombination von → Hall-Effekt und magnetischer Widerstandsänderung im Leiter. Ein elektrischer Strom wird einer Scheibe im Mittelpunkt zugeführt und längs des Randes wieder abgenommen. Senkrecht zur Scheibe wird ein Magnetfeld ein- und ausgeschaltet. In einer zur Scheibe konzentrisch angeordneten Spule lassen sich Induktionsströme beim Schalten des Magnetfeldes beobachten. Stehen Scheibe und Magnetfeld nicht senkrecht zueinander, so sucht die Scheibe sich zum Magnetfeld senkrecht zu stellen. Wegen der spiralförmigen Bahn der Elektronen erscheint der Widerstand des Materials vergrößert.

Der Corbino-Effekt ist in Wirklichkeit mit dem Hall- und Widerstands-Effekt identisch und diente früher zur Messung der Konstanten.

Heute wird der Effekt dazu benützt, um die Beweglichkeit von Ladungsträgern im Halbleiter zu ermitteln.

Weiter bieten sich Corbino-Scheiben aus Indium-Antimonium als Hochleistungsschalter (200 A bis 1 000 A) an. Die Widerstandsänderung im axialen Magnetfeld beträgt etwa den Faktor 200 bei mittleren Strömen (20 A).

CORBINO, Orso, Mario,
it. Physiker, 30. 4. 1876 – 1937

Corbino, O. M., *Phys. Z.* **12,** 561 (1911)

Lit.: [6b] [72] [77]

Dissymmetrie-Effekt (1916)

Kehrt man beim Hall-Effekt das Magnetfeld um, so kehrt sich auch das Vorzeichen der Hallspannung um, erreicht aber einen anderen Wert. Die Differenz beider Werte ist proportional dem Quadrat der Feldstärke. Die zum Hall-Effekt additiv hinzukommende longitudinale Widerstandsänderung bleibt beim Umpolen konstant, so daß sich je nach Richtung des Magnetfeldes unterschiedliche Werte für die Hall-Spannung ergeben.

Wold, J., *Phys. Rev.* **7,** 169 (1916)

Lit.: [50 Bd. IV, 4]

Ettingshausen-Effekt

Wird ein homogener Leiter in einem Magnetfeld von einem Gleichstrom durchflossen, so kommt es neben dem → Hall-Effekt zur Ausbildung eines Temperaturgefälles, das dem Strom und dem Magnetfeld proportional ist. Der Effekt wird ebenfalls durch die Lorentzkraft, die auf die Ladungsträger wirkt, erklärt, und die Konstante kann beiderlei Vorzeichen annehmen.

ETTINGSHAUSEN, Albert von,
östr. Physiker, 30. 3. 1850 (Wien) – 9. 6. 1932 (Graz)

Lit.: [6b, 22b, 22d, 30, 88]

Hall-Effekt (1879)

Der Hall-Effekt ist der wichtigste galvanomagnetische Effekt. Wird eine dünne Metallplatte gleichmäßig von einem Strom durchflossen und ist senkrecht dazu ein Magnetfeld vorhanden, so werden aufgrund der Lorentzkraft die Elektronen abgelenkt und es kommt zur Ausbildung einer Spannung senkrecht zur Richtung von Magnetfeld und Stromrichtung, der *Hallspannung,* die dem magnetischen Feld, dem fließenden

Strom und der geometrischen Gestalt der Probe direkt proportional ist.
Die Hall-Konstante selbst hängt in einfacher Weise von der Leitfähigkeit des Materials und der Beweglichkeit der Ladung ab. Sie hat die Größenordnung von einigen 10^{-11} m^3 C^{-1}. Sind die Ladungsträger, wie hier angenommen, negativ, so spricht man auch von einem *normalen Hall-Effekt,* bei positiven Ladungsträgern von einem *anomalen Hall-Effekt* (auch Positiv- bzw. Negativ-Hall-Effekt). Der Hall-Effekt gestattet, die Leitfähigkeit und die Beweglichkeit der Ladungsträger eines Materials auf einfache Weise zu messen.
Gleichzeitig gilt der Hall-Effekt als Beweis für die Vorstellung, daß freie Elektronen in festen Körpern den Leitungsmechanismus bestimmen. Mit dem Hall-Effekt verbunden bzw. identisch sind der → Corbino- und der → Widerstands-Effekt.
Bei guter Wärmeisolation der Platte wird gleichzeitig der → Ettingshausen-Effekt beobachtet *(adiabatischer Hall-Effekt)*; wird die Wärme abgeführt, so läßt sich der „isotherme" Hall-Effekt messen. Der Hall-Effekt hat auf der Grundlage moderner Halbleiter insbesondere der III/V-Verbindungen, weite Anwendung gefunden als Hallsonde, Hallelement und Hallgenerator in der Meß-, Steuer- und Regeltechnik.

HALL, Edwin Herbert,
amerik. Physiker, 7. 11. 1855 – 20. 11. 1938, 1888 – 1921 Prof. in Cambridge

Hall, E. H., *Am. J. Math.* Vol II
Hall, E.H., *Philos. Mag.* (5), IX, 225
Lit.: [6b, 22b, 22d, 72 – 78]

Hall-Effekt, anomaler

Der Hall-Effekt an ferromagnetischen Metallen wird heute auch als anomaler Hall-Effekt bezeichnet. Er entsteht durch asymmetrische Streuung der Leitungselektronen an den magnetischen Momenten dünner ferromagnetischer Schichten. Die anomale Hall-Konstante ist material- und strukturabhängig. Sie kann 100 bis 1 000 mal größer werden als die normale Hall-Konstante. Der Hall-Widerstand nimmt linear mit anwachsendem magnetischen Feld bis zur Sättigungsmagnetisierung zu und bleibt dann konstant. Bei hohen Feldern nimmt der Widerstand wegen der negativen normalen Hall-Konstanten wieder leicht ab.
Lit: *Phys. Unserer Zeit* **10,** 177 (1979)

Nernst-Effekt (1887)

Im transversalen Magnetfeld kommt es zur Ausbildung einer longitudinalen Temperaturdifferenz beim Stromdurchgang, was dem → Peltier-Effekt zwischen magnetisiertem und nichtmagnetisiertem Material entspricht.

NERNST, Walther Hermann,
dt. Physiker u. Chemiker, 25. 6. 1864 – 18. 11. 1941, seit 1891 Prof. in Göttingen, 1905 – 1933 in Berlin, 1922 – 1924 Präs. der Physikal.-Techn. Reichsanstalt Berlin
Lit.: [6b, 22b, 22d, 30]

Thomson-Effekt (1856)

Im tranversalen Magnetfeld kommt es bei fließendem Strom zu einer Änderung des elektrischen Widerstandes bzw. es entsteht eine longitudinale Potentialdifferenz.

THOMSON, Sir William,
engl. Physiker; nennt sich ab 1892 Lord Kelvin of Largs, 26. 6. 1824 Belfast – 17. 12. 1907 Nethergall bei Largs, seit 1864 Prof. in Glasgow

Thomson, W., *Philos. Trans. R. Soc. London* **3,** 737 (1856)
Thomson, W., *Math. Phys. Pap.* **2,** 307 (1884)
Lit.: [30]

Widerstands-Effekt
(Magnetischer Widerstands-Effekt)
(Magnetowiderstand)

Der elektrische Widerstand magnetischer Materialien ändert sich unter dem Einfluß eines Magnetfeldes (parallel oder senkrecht zur Stromrichtung). Dabei werden die Leitungselektronen an den magnetischen Spinmomenten der Atome mehr oder weniger gestreut, d.h. die Verteilungsfunktion der Elektronen im Leiter wird beeinflußt, was in magnetischen Materialen zu einer Verkleinerung des Widerstandes mit zunehmendem Magnetfeld, in nichtmagnetisierten Halbleitern zu einer Vergrößerung des Widerstandes führt. Unterhalb der Curie-Temperatur nimmt die Spinordnung der Atome zu und der Effekt wird größer.
Hinzu kommt die Tatsache, daß äußere magnetische Felder die Bereiche der spontanen Magnetisierung beeinflussen, was ebenfalls zu einer Widerstandserhöhung führt (Magnetowiderstand). Man findet hierbei eine Hysterese und bei tiefen Temperaturen eine starke Zunahme des Effektes.

Der Effekt ist in Halbleitern eng mit dem → Hall-Effekt verbunden.
Lit.: [30] [76]

Galvanomagnetische Effekte in Halbleitern H

Die experimentellen Verhältnisse können von den bei den galvanomagnetischen Effekten (→ Stromleitungs-Effekte) beschriebenen Phänomenen übernommen werden. Wesentlich ist, daß die Koeffizienten der einzelnen Effekte von der Beweglichkeit beider Ladungsträger – Elektronen und Löcher – abhängen. Man unterscheidet wieder *Longitudinal-* und *Transversal-Effekte.*
In einem Halbleiterplättchen entstehen, wenn alle Komponenten des Magnetfeldes wirksam werden, folgende Effekte:
transversaler, longitudinaler Magnetowiderstand: hängt vom Quadrat der magnetischen Induktion ab. Anisotroper Leiter ist Voraussetzung, transversaler, planarer Hall-Effekt: hängt linear von der magnetischen Induktion ab. Magnetfeld hat Komponente parallel zum Strom.
Lit.: [53]

Gantmacher-Effekt → Size-Effekte

Gay-Lussacscher Versuch (1802) TK

(I. Gay-Lussacsches Gesetz)
Gay-Lussac fand nach Vorarbeiten von J. A. Charles, daß die Volumenzunahme pro Grad Celsius bei Gasen 1/273 des Volumens bei 0 C beträgt und konstant ist. Das Volumen eines Gases ist der absoluten Temperatur proportional, wenn der Druck und die Anzahl der Mole im Gas sich nicht ändern.

Gay-Lussacscher Versuch (1807) TK

(II. Gay-Lussacsches Gesetz)
Mit diesem Versuch wird die Volumenabhängigkeit der inneren Energie von Gasen bestimmt. Zwei durch ein verschließbares Rohr verbundene Gefäße werden vollständig wärmeisoliert. Man evakuiert ein Gefäß vollkommen und läßt dann das Gas aus dem anderen Gefäß ausströmen und mißt die Temperatur. Für nahezu ideale Gase, wie Helium, konnte keine Temperaturänderung festgestellt werden. Aus dem ersten Hauptsatz der Thermodynamik folgt daraus, daß bei idealen Gasen die innere Energie vom Volumen unabhängig ist.
Bei realen Gasen findet man die Abhängigkeit vom Volumen, was zum → Joule-Thomson-Effekt führt.

GAY-LUSSAC, Joseph Louis,
fr. Chemiker u. Physiker, 6. 12. 1778 – 9. 5. 1850, Prof. in Paris

I. Gesetz
Gay-Lussac, J. L., *Ann. Chim. Phys.* (Paris) **43,** 137 (1802)
Lit.: [50 Bd. III, 1], *Lehrbücher*

II. Gesetz
Gay-Lussac, J. L., *Mem. d'Arcueil* (1807) (in Mach, E.: *Prinzipien der Wärmelehre.* Leipzig 1923, S. 463 ff.)
Lit.: [50 Bd. III, 1], *Lehrbücher*

Gast-Wirt-Effekt

→ Flüssigkristall-Effekte

Gedächtnis-Effekt

→ Memory-Effekt

Generalisierte Hall-Effekte

→ Kreuz-Effekte, → Stromleitungs-Effekte

Gleichrichter-Effekt (1875) HB

(Sperr-Effekt, Sperrschicht-Effekt)
1875 entdeckte F. Braun, daß der Widerstand einer Metall-Halbleiter-Kombination, z. B. eine Spitze von Bronze, Gold, Stahl auf Bleisulfid Pbs (oder Mo_2 S_2, FeS), von der Stromrichtung abhängt. Eine solche Anordnung wird als Gleichrichter bzw. als Detektor benutzt und zur Demodulation oder Gleichrichtung hochfrequenter Wechselströme verwendet. Die Deutung des Sperr-Effektes der Metall-Halbleiterkombination hat Schottky 1939 gegeben, weshalb dieser Effekt häufig auch als *Schottky-Effekt* bezeichnet wird.

BRAUN, Karl Ferdinand,
dt. Physiker, 6. 6. 1850 – 20. 4. 1918, Prof. in Marburg, Straßburg u. Tübingen

Braun, F., *Pogg. (Wied) Ann. Phys.* **154,** 35 (1875)
Lit.: [6b] [22b] [77]

Glühelektrischer Effekt

→ Richardson-Effekt

Goos-Hähnchen-Effekt (1943) O

Bei der Totalreflexion muß aus Stetigkeits- und Energiegründen eine Oberflächenwelle auftreten, die nur wenige Wellenlängen in das optisch dünnere Medium hineinreicht. Die endliche Breite des Lichtstrahles führt aufgrund der Beugung an der Begrenzung zu einer Versetzung des Strahles um wenige Wellenlängen. Die Welle „tastet" die Möglichkeit der Fortpflanzung im zweiten Medium sozusagen ab. Um den Effekt nachzuweisen, wird eine Seite eines Prismas mit einem schmalen Streifen versilbert. Man beobachtet das am Silberstreifen reflektierte und das total reflektierte Licht und findet eine geringe Strahlversetzung.

Der Effekt ist in der optischen Nachrichtenübertragung für Koppler und Verteiler sowie in der integrierten Optik von Bedeutung.

GOOS, Hermann Fritz,
dt. Physiker 11. 1. 1883 – ?

Goos, F., Hähnchen, H., *Ann. Phys.* (Leipzig) (6) 1, 333 (1947)
Goos, F., Lindberg-Hähnchen, H., *Ann. Phys.* (Leipzig) (6) 5, 251 (1949)
Lotsch, H. K. V., *Optik* Stuttgart **32,** 116ff., 189ff., 299f., 553ff. (1971)
Synder, A. W., Lore, J. D., *Appl. Opt.* **15** 1, 236 – 238 (1976)
Lee, Y. K., Wang, S., *IEEE J. Quantum Electron.* **12** 5, 273 – 281 (1976)
Nemoto, S., Yip, G. L., *IEEE J. Quantum Electron* **13** 4, 215 – 221 (1977)

Lit.: [6c]

Gorsky-Effekt Fe

In Metallen gelöster Wasserstoff wandert beim Biegen des Metalls aus dem komprimierten in den aufgeweiteten Bereich. Der Konzentrationsgradient hat dann eine zusätzliche, nichtelastische Dehnung des Metalls zur Folge.

Lit.: Peisl, H., *Phys. Unserer Zeit* **9,** 39 (1978)
Völkl, J., *Ber. Bunsenges. Phys. Chem.* **76,** 767 (1972)

Gravitations-Effekt → Lichtablenkung

Gravitative Frequenzverschiebung R

Bewegt sich eine elektromagnetische Welle auf ein Gravitationszentrum zu, so kommt es zu einer *Violettverschiebung,* entfernt sie sich vom Zentrum, so findet man eine *Rotverschiebung.* Der Effekt ist außerordentlich klein. Für die Sonne erwartet man eine relative Frequenzänderung von $2{,}12 \cdot 10^{-6}$. Der Effekt wird normalerweise durch den → Doppler-Effekt überdeckt. Messungen an der Sonne sollten erwarten lassen, daß die Violettverschiebung die Rotverschiebung vermindert. Dies wurde auch beobachtet. Dabei konnte auch der *Limb-Effekt (Rand-Effekt)* nachgewiesen werden: Die Rotverschiebung beträgt aufgrund des Doppler-Effektes nur etwa ein Drittel des Gravitations-Effektes, wenn man das Sonnenzentrum beobachtet. Am Rand nimmt der Doppler-Effekt ab, und die experimentellen Werte streben dem Einsteinschen Wert der gravitativen Frequenzverschiebung zu.

Pound, R. v., und Snider, J. L. *Phys. Rev.* **140,** B 788, (1965)

Lit.: [6c] [59]

Größen-Effekte → Size-Effekte

Gudden-Pohl-Effekt (1920) Lu

Bei der Untersuchung der Elektrolumineszenz fanden Gudden und Pohl, daß das Anlegen eines elektrischen Feldes zu einer Erhöhung der Lichtemission führen kann. Diese hält u. U. auch an, wenn die optische Anregung beendet ist.

GUDDEN, Bernhard Friedrich,
14. 3. 1892 – 3. 8. 1945

POHL, Robert Wichard, dt. Physiker,
10. 8. 1884 – 5. 6. 1976, Prof. in Göttingen

Lit.: [6d]

Guest-Host-Effekt
→ Flüssigkristall-Effekte

Gunn-Effekt (1963) HR

In homogenen Halbleitern, die im Leitungsband mehrere Energieminima besitzen, in denen die Elektronen stark unterschiedliche Beweglichkeiten haben, können bei Feldstärken über 2 kV cm^{-1} am Kristall hochfrequente Stromschwankungen auftreten. Das Auftreten eines negativen Leitwertes als Volumen-Effekt in solchen Halbleitern wird als Gunn-Effekt bezeichnet.

Die Erklärung des Effektes liegt in der Bandstruktur des Halbleiters. Im Leitungsband von GaAs z. B. existieren neben dem Hauptminimum noch Nebenminima, wobei der Energieabstand zwischen Haupt- und Nebenminimum 0,36 Volt beträgt. Bei Zimmertemperatur und ohne Feld sammeln sich die Elektronen im Hauptminimum. Wegen ihrer hohen Beweglichkeit in diesem Bereich des Leitungsbandes können die Elektronen jedoch sehr leicht Energie aus einem angelegten elektrischen Feld aufnehmen, wobei

oberhalb einer kritischen Feldstärke dann ein erheblicher Teil der Elektronen direkt oder über den → Tunnel-Effekt in das Nebenminimum übergehen. An diesem Prozeß ist das Gitter zur Erhaltung von Energie- und Impulssatz beteiligt. Da die Beweglichkeit im Nebenminimum der Leitungsträger etwa um den Faktor 20 kleiner ist, nimmt die Leitfähigkeit sprunghaft ab, und es kommt zu einer abrupten Verringerung des Stroms durch den Halbleiter.
Dieser negative Leitwert (oder Widerstand) ist Voraussetzung für Oszillation und Verstärkung. Eine genauere Betrachtung zeigt, daß sich als Folge der negativen differentiellen Beweglichkeit der Elektronen, die mit dem negativen Leitwert zusammenhängt, Instabilitäten der Raumladung ausbilden. Diese Elektronenwolken (Domänen) bewegen sich im elektrischen Feld mit einer Geschwindigkeit von etwa 10^7 cm s^{-1}. Der zeitliche Abstand der nadelförmigen Stromimpulse oder die Frequenz der Oszillation ergibt sich aus dem Elektrodenabstand und der Geschwindigkeit: Bei einem Abstand von 20 μm ergibt sich für GaAs eine Frequenz von etwa 10 GHz.
Bauelemente, die diesen Effekt ausnutzen, werden als Gunn-Dioden (Elektronentransfer-Element) bezeichnet und zur Erzeugung von Mikrowellen kleiner und mittlerer Leistung im Mikrowellenbereich eingesetzt.
→ Avalanche-Effekt, → Zener-Effekt
GUNN, John Battiscombe, brit. Physiker,
13. 5. 1928
Gunn, J. B.: *Solid State Commun.* Vol 1,
Gaylord, T. K. et al. (Bibliographie),
IEEE Trans. Electron Devices
Heywang, W.,
Phys. Unserer Zeit, **2,** 130 (1971)
Lit.: [52, 53, 74, 75, 92]

Gurewitsch-Effekt

→ Thermoelektrische Effekte,
Phonon-drag-Effekt

Gyromagnetische Effekte EM

(Kreiselmagnetische Effekte)
Die Gyromagnetischen Effekte verknüpfen die atomaren, vorwiegend durch den Spin (Drehimpuls) der Elektronen bestimmten magnetischen Momente und den mechanischen Drehimpuls derselben Atome bzw. eines Körpers. Jede Änderung des gesamten mechanischen Drehimpulses der Elektronen muß einer Änderung des Drehimpulses des Körpers entsprechen. Man kann daher mit Hilfe der gyromagnetischen Effekte das Verhältnis vom magnetischen Moment zum mechanischen Drehimpuls messen. Das magnetische Moment, das dem Elektron zugeordnet wird, ist um den Faktor 2 größer als das, welches man der Bahnbewegung bei gleichem Drehimpuls zuordnen würde. Die Experimente erlauben daher Rückschlüsse auf die Beiträge von Bahn- und Spin-Moment zur Magnetisierung eines Materials.
Allgemein ist das gyromagnetische Verhältnis eines Materials um den Landé-Faktor g, der etwas größer oder auch erheblich kleiner als 2 sein kann, von dem gyromagnetischen Verhältnis des Bahndrehimpulses verschieden. Die Berechnung des Wertes von g der Elektronen und Myonen durch die Quanten-Elektrodynamik wird durch die Experimente bestätigt.
→ Barnett-Effekt, → Einstein-De-Haas-Effekt
Lit.: [6b, 16, 50 Bd. IV, 4, 69, 6d, 7]

Haas-Effekt (1951) Me

Bietet man Schallvorgänge über zwei Lautsprecher in der Weise dar, daß der von dem zweiten Lautsprecher ausgehende Schall gegenüber dem vom ersten Lautsprecher ausgehenden Schall zeitlich verzögert wird, so kann man die „Echoquelle“ bei Verzögerungszeiten zwischen 1 und 30 Millisekunden akustisch nicht wahrnehmen, solange ihre Intensität weniger als 10 dB über derjenigen des Primärschalls liegt.
HAAS, Arthur Erich, östr. Physiker,
30. 4. 1884 – 20. 2. 1941,
Prof. in Leipzig, Wien u. ab 1936 in den USA
Haas, H., *Acustica* **1,** 49 (1981)
Lit.: [76]

De Haas-van Alphen-Effekt (1930) F

Der de Haas-van-Alphen-Effekt gestattet, die *Fermi-Fläche* eines Festkörpers zu bestimmen. Die Fermi-Fläche ist dadurch definiert, daß man alle Elektronen im Impulsraum betrachtet, deren Energie gleich der Fermi-Energie ist. Diese ist definiert als Grenzenergie am absoluten Nullpunkt, bei dem alle Zustände der Elektronen im Metall oder entartetem Halbleiter bis zu dieser Fermi-Grenzenergie besetzt sind. Darüber sind alle Zustände leer. Für freie Elektronen ergibt sich eine Kugel, während im Metall die Fermi-Fläche äußerst kompliziert wird.
Unterhalb von 4 K wird der als Einkristall vorliegende feste Körper starken Magnetfeldern von

einigen Tesla ausgesetzt. Dabei kommt es zu einem Wandern der sich auf der Fermikugel bewegenden Elektronen bis zum Äquator der „Kugel“, wo sie verschwinden. Die daraus resultierenden Kippschwingungen der magnetischen Suszeptibilität in Abhängigkeit vom Magnetfeld erzeugen eine Wechselspannung, deren Frequenz man mißt und aus der sich die Fermi-Fläche ermitteln läßt.

Aus der Kenntnis der Fermi-Fläche lassen sich viele Eigenschaften von Metallen und Halbleitern quantitativ ableiten. Ihre Kenntnis ist deswegen von großer Bedeutung. Man benutzt verschiedene Methoden, um die Fermi-Fläche zu ermitteln:

→ Kohn-Effekt, → magnetoakustischer Effekt, → anomaler Skin-Effekt, → Azbel-Kaner-Effekt, → Magnetowiderstand, → Shubnikow-de-Haas-Effekt, → Size-Effekt (Größen-Effekte), → Sondheimer Effekt.

de HAAS, Wander Johannes, niederl. Physiker 2. 3. 1878 – 26. 4. 1960

De Haas, W. J., und van Alphen, P. M., *Proc. Amsterdam Acad.* **33,** 1106 (1930); *Leiden Comm.* **212** (1931)

Lit.: [1, 3, 27, 29, 43, 71]

Hafele-Keating-Experiment

→ Zeit-Effekte

Hall-Effekt → galvanomagnetische Effekte

Hanle-Effekt (1924) Mo

Die magnetische Beeinflussung der Polarisation der Lichtemission (1924). Regt man z. B. Quecksilberatome mit linear polarisiertem Licht an, so beobachtet man senkrecht zur Einstrahlrichtung und zum elektrischen Vektor der Anregung ebenfalls lineare Polarisation. Ein Magnetfeld in der Beobachtungsrichtung bewirkt eine mit der Feldstärke wachsende Drehung der Polarisationsebene und Depolarisation.

Das durch linear polarisiertes Licht angeregte Atom kann klassisch durch einen linearen Oszillator beschrieben werden, der im Magnetfeld eine Präzissionsbewegung ausführt und entsprechend seiner Lebensdauer abklingt. Trägt man den Polarisationsgrad als Funktion der Magnetfeldstärke auf (Hanle-Kurve), so läßt sich aus der Halbwertsbreite direkt das Produkt $g \cdot \tau$ bestimmen und damit eine der beiden Größen, Lebensdauer τ oder Landé-Faktor g, des angeregten Zustandes.

Quantenmechanisch läßt sich der Effekt als Aufhebung der Entartung kohärent angeregter Zustände interpretieren. Wegen der natürlichen Breite der Anregungsniveaus ($\sim 1/\tau$) überlappen sich die Zeemanaufspaltungsniveaus in der Umgebung des Kreuzungspunktes im Magnetfeld Null (Nullfeld-Level-crossing). Innerhalb dieser Entartung emittieren die Zustände mit einer festen Phasenbeziehung, die zu einem Interferenzterm und damit zu einer veränderten Polarisation der Strahlung führt. Da diese Kohärenz von Zuständen im Einzelatom herrührt, hat der Dopplereffekt keinen Einfluß. Es war die *erste* dopplereffektfreie Methode der Spektroskopie. Es gibt Level-crossing im statischen magnetischen, im statischen elektrischen Feld und im dynamischen elektrischen Wechselfeld eines intensiven, etwas frequenzverschobenen Lasers (Optical Hanle-effect).

Auch bei höheren Feldstärken treten solche atomaren Kohärenzen auf, wenn sich die magnetischen Unterniveaus von Fein- oder Hyperfeinstruktur-Zuständen kreuzen. Der Hanle-Effekt ist somit ein Spezialfall des allgemeinen Level-crossing.

Er hat zahlreiche Anwendungen, wie Messung von Lebensdauern oder g-Faktoren, des Grades, der Übertragung und der Relaxation von Ausrichtung (Alignment) oder Orientierung bei Stößen, sowie extraterrestrischer Magnetfelder.

Hanle, W., *Z. Phys.* **30,** 93 (1924)

Hanle, W., *Z. Phys.* **35,** 346 (1926)

Kaftandjian, V. P., und Klein, L., *Phys. Lett.* **62 A,** 317 (1977)

Hanle, W., Kaftandjian, V. P., und Klein, L., *Phys. Lett.* **65 A,** 188 (1978)

Hanle, W., und Pepperl, R., *Phys. Bl.* **27,** 19 (1971)

Kastler, A., *Phys. Bl.* **30,** 394 (1974)

Corney, A.: *Atomic and Laser Spectroscopy.* Clarendon Press, Oxford 1977 (S. 473 – 533)

Hallwachs-Effekt → Photo-Effekte

Haut-Effekt EM

(Skin-Effekt)

Der Ohmsche Widerstand eines Drahtes ist bei hochfrequenten Strömen stark erhöht gegenüber dem Gleichstromwiderstand. Der wirksame Stromquerschnitt wird vermindert, da die Ströme fast ausschließlich in einer dünnen Oberflächenschicht verlaufen. Die Stromlinien im In-

nern werden durch Induktionswirkung an die Oberfläche abgedrängt.
Der Widerstand hängt ab von der Wurzel aus dem Quotienten von Frequenz und Leitfähigkeit. Dies gilt für normale Temperaturen und nicht zu hohe Frequenzen.
Dies bedeutet praktisch, daß der Widerstand eines Leiters mit der Frequenz stark zunimmt, was in der Hochfrequenztechnik eine wichtige Rolle spielt.

ZENNECK, Jonathan, dt. Physiker,
15. 4. 1871 – 8. 4. 1959,
Prof. in Danzig, Braunschweig u. München

Zenneck, J., *Ann. Phys.* (Leipzig) **11**, 1135 (1903)

Zenneck, J.: *Lehrbuch d. drahtlosen Telegraphie.* 4. Aufl., 1916

Lit.: [1] [6b] [50 Bd. IV. 1]

Haut-Effekt, anomaler (1940) EM

Die Oberflächenschicht, die bei hohen Frequenzen zur elektrischen Leitfähigkeit beiträgt, ist sehr klein. Bei tiefen Temperaturen kann sie kleiner werden als die freie Weglänge der Elektronen. In diesem Fall versagt die klassische Theorie der elektrischen Leitfähigkeit: Man erhält die exakte Lösung aus der Transportgleichung des Problems: Die effektive Leitfähigkeit wird unabhängig von der freien Weglänge und ist zur dritten Wurzel aus der Frequenz reziprok. Dies wird als anomaler Haut- oder Skin-Effekt bezeichnet.
Der anomale Skin-Effekt kann nur oberhalb einer Grenzfrequenz und bei tiefen Temperaturen beobachtet werden.

→ Azbel-Kaner-Effekt, → de Haas-van Alphen-Effekt

London, H., *Proc. R. Soc. Ser. A* **176**, 522 (1940)

Lit.: [1] [6d] [71]

Heel-Effekt

Bei modernen Röntgenröhren bilden der Elektronstrahl und die Anode einen Winkel. Da die Röntgenstrahlung nicht nur an der Oberfläche, sondern auch in endlicher Tiefe der Anode entsteht, wird der Strahlungsanteil, der unter sehr flachen Winkeln zur Anode aus ihr austritt, durch das Anodenmaterial selbst geschwächt. Dies wird als Heel-Effekt bezeichnet. Man erhält daher eine ungleichmäßige Energie-Verteilung der Röntgenstrahlung in bezug auf den Austrittswinkel.
Um den bei klinischen Anwendungen störenden Effekt zu verringern, müssen der Anodenwinkel vergrößert werden, sowie ein größerer Filmabstand gewählt und dicke Objekte kathodenseitig placiert werden.

Lit.: [36]

Heilmeier Speicher-Effekt

→ Flüssigkristall-Effekte

Heißleiter-Effekt (1939) HB

In Halbleitern ist die elektrische Leitfähigkeit stark temperaturabhängig. Der Temperaturkoeffizient der Halbleiter ist negativ und dem Betrage nach um vieles größer als bei Metallen. Durch Energiezufuhr, z. B. durch Temperaturerhöhung des Halbleiters, werden zusätzliche Elektronen freigesetzt, was dann zu einer Erniedrigung des Widerstandes der Halbleiterprobe führt.
Heißleiter haben einen stark ausgeprägten negativen Temperaturkoeffizienten (im englischen **N**egative **T**emperature **C**oefficient). Sie bestehen aus gesinterten keramischen Mischkristallen aus Oxiden der Übergangsmetalle aus der dritten Periode des Systems der Elemente. Grundsätzlich kann jeder Halbleiter mit Eigenleitung als Heißleiter zu Meß-, Steuer- und Regelzwecken verwandt werden. Der Widerstand nimmt beim Heißleiter mit der Temperatur exponentiell ab. Die Strom-Spannungscharakteristik zeigt einen ausgeprägten nichtlinearen Charakter.

Sachse, H., *Wiss. Veröff. Siemens,* Werk 19, 214 (1939)

Lit.: [84, Bd. I] [91] [92]

Hertz-Effekt (1886) EM

Linear polarisierte elektrische Wellen werden beim Durchgang durch ein aus Metallstäben gebildetes Gitter je nach Lage des elektrischen Vektors zur Stabrichtung verschieden geschwächt. Ein Minimum tritt auf, wenn der elektrische Vektor zur Richtung der Stäbe senkrecht steht (Hertz-Effekt). Die Stäbe werden durch die einfallende Welle selbst zum Aussenden elektrischer Wellen angeregt, die mit der einfallenden interferieren. Der Hertz-Effekt muß bei Kurz- und Ultrakurzwellenverbindungen über Land berücksichtigt werden, z. B. bei Verbindungen über waldigem Gebiet.

HERTZ, Heinrich Rudolph, dt. Physiker, 22. 2. 1857 – 1. 1. 1894, seit 1885 Prof. in Karlsruhe, ab 1889 in Bonn

Hertzsche Versuche (1888 – 1894) EM

Hertz wies mit diesen Versuchen die Existenz elektromagnetischer Wellen und ihre Ähnlichkeit bzw. Identität mit Licht nach. Im einzelnen handelt es sich um folgende Versuche: *Reflexion, Brechung, Beugung* und *Polarisation elektromagnetischer Wellen.*

Hertz, H., *Ann. Phys.* **31**, 421 (1887)
Hertz, H., *Ann. Phys.* **34**, 155; 551; 609 (1888)
Lit.: Hertz, H. *Sitzungsber. K. Preuss. Akad. Wiss.* Berlin 1888, Bd. II gesammelte Werke Leipzig 1894

Hochfeld-Effekte

→ Avalanche Effekt, → Gunn-Effekt, → Zener Effekt

Holographie (1947/1948) L

Die Holographie geht auf Dennis Gabor (1947) zurück. Sie stellt eine Bildkonstruktion mit kohärentem Licht ohne abbildende Optik dar. Ein Hologramm ist, vereinfachend gesagt, ein Interferenzmuster, das aus dem von einem Gegenstand ausgehenden Wellenfeld mit Hilfe einer Referenzwelle entsteht und das auf einem Film gespeichert ist.

Durch Umkehrung des bei der Aufnahme verwendeten Strahlenganges erhält man ein virtuelles Bild, das unter verschiedenen Blickwinkeln betrachtet werden kann und daher räumlich wirkt: Beim Auslesen durch Beleuchten des Hologramms wird die Objektwelle vollständig rekonstruiert. Man sieht daher ein räumliches Bild des Gegenstandes. Ein Hologramm enthält also zusätzlich zur Amplitudeninformation (Fotografie) die Phaseninformation.

Bei der *Echtzeitholographie* wird die im Hologramm über das Objekt gespeicherte Information verglichen mit dem Objekt unter Belastung: Man justiert das Hologramm in seine ursprüngliche Lage; dann decken sich Original und virtuelles Bild vollkommen. Bei Belastung des Objektes (mechanisch, thermisch, elektrisch) entstehen Abweichungen von dem im Hologramm gespeicherten Interferenzmuster. Das dadurch entstehende Interferenzlinienmuster auf dem Objekt läßt sich auswerten.

Die *Doppelbelichtungs-Holographie* nutzt die Tatsache aus, daß im Hologramm mehrere Wellenfronten gespeichert werden können. Man nimmt den Gegenstand im unbelasteten Zustand holographisch auf, unterbricht aber nach der halben Belichtungszeit, belastet und führt die Aufnahme zu Ende. Man erhält dann ein Bild des Gegenstandes mit einem der Belastung entsprechenden Interferenzmuster, das ausgewertet wird.

Folgende Anwendungen der holographischen Interferometrie sind von Bedeutung: Zerstörungsfreie Werkstoffprüfung (Qualitätsprüfung), Formvergleich, Schwingungsanalyse, Untersuchung von Phasenobjekten.

Die Größe der untersuchten Objekte kann nicht beliebig gewählt werden: Die Kohärenzlänge des Lichtes, die Optiken und letztlich der experimentelle Aufwand für große Objekte bestimmen die Grenzen für die sinnvolle Anwendung der interferometrischen Holographie. Doch können auch ausgedehnte Objekte untersucht werden, z. B. Autoreifen, Karosserieteile, Motoren usw.

GÁBOR, Dennis, ung.-brit. Physiker, 5. 6. 1900 – 9. 2. 1979, seit 1958 Prof. in London

Gabor, D., *Nature (London)* **161**, 777 (1948)
Gabor, D., *Proc. R. Soc. London Ser A* **197**, 454 (1949)
Lit.: [26] [33] [57]

hopping-Effekt H

Bei amorphen Festkörpern treten wegen des Fehlens der Fernordnung an die Stelle der ausgeprägten Leitfähigkeits- und Valenzbänder des kristallinen Zustandes mehr oder weniger lokalisierte Zustände, die im Energieraum verschmiert sind. Es gibt daher keine Energielücke mehr.

Die Elektronen bewegen sich in einem elektrischen Feld zwischen diesen lokalisierten Zuständen. Die Bewegung ist möglich durch den → Tunnel-Effekt oder das Überspringen einer Potentialbarriere (hopping). Dieser Leitungsmechanismus ist ausgeprägt bei amorphen Halbleitern.

Lit.: [91]

Hopkinson-Effekt (1890) EM

Die Permeabilität eines Ferromagnetikums in Abhängigkeit von der Temperatur erreicht bei kleinen magnetischen Feldern kurz vor der Curie-Temperatur ein Maximum, was als Hopkinson-Effekt bezeichnet wird. Bei hohen Feldern findet man kein Maximum. Der Effekt wird dadurch erklärt, daß die Kristallanisotropie und die spontane Magnetisierung bei unterschiedlichen Temperaturen gegen Null gehen: Diese Temperatur ist bei der Kristallanisotropie niedriger.

HOPKINSON, John,
engl. Elektrotechniker, 27. 7. 1849 Manchester – 27. 8. 1898 Schweiz

Hopkinson, J., *Proc. R. Soc. London Ser A* **48**, 1 (1890)

Lit.: [26]

Hubble-Effekt (1929) As

Die Rotverschiebung der Spektrallinien extragalaktischer Sternsysteme ist in erster Näherung der Entfernung der Systeme proportional (Hubble-Effekt). Da die Rotverschiebung als → optischer Doppler-Effekt gedeutet wird, kann aus ihr die Fluchtgeschwindigkeit des Sternsystems ermittelt werden; sie wächst linear mit der Entfernung des Systems. Die Proportionalitätskonstante (Hubble-Konstante) hat einen Wert von etwa 100 km s^{-1} je 1 Million Parsec.

HUBBLE, Edwin Powell,
amerik. Astronom, 20. 11. 1889 – 28. 9. 1953, seit 1919 am Mt.-Wilson-Observatorium bei Pasadena

Lit.: [6c]

Hughes-Effekt (1935) EM

Die Unsymmetrien der Wechselstrom-Hysterese bei dünnen, luftspaltfreien Blechkernen aus Permalloy oder Mu-Metall wird als Hughes-Effekt bezeichnet. Der Effekt ist ausgeprägt, wenn die Maximalfeldstärke in der Nähe der Gleichstrom-Maximalpermeabilität liegt, und wird auf eine Polarisation der Bleche zurückgeführt. Durch eine starke Magnetisierungsfeldstärke, die langsam abklingt, kann man diesen störenden Effekt beseitigen.

HUGHES, Edward Charles,
amerik. Physiker, 13. 2. 1901

Hughes, E., *J. Inst. Electr. Eng.* **79**, 213 (1936)

Lit.: [26]

Huygensches Prinzip → Beugung

Hysterese Effekt → Flüssigkristall Effekt, → Relaxations-Effekt

I-Effekt
→ Substituenten-Effekte

Induktions-Effekt
→ Dipol-Effekte, Substituenten-Effekte

Induzierte Streuung
→ Nichtlineare optische Effekte

Innere Photoionisation → Auger-Effekt

Innere Absorption → Auger-Effekt

Innerer Photo-Effekt → Photo-Effekte

Interferenz (1802) A

Hierunter versteht man die 1802 von Thomas Young nachgewiesene allgemeine Eigenschaft von monochromatischen, kohärenten Wellen, sich durch Überlagerung je nach Phasenlage zu verstärken bzw. auszulöschen: Es entstehen charakteristische Intensitätsmaxima und -minima. Nach der Anzahl der beteiligten interferierenden Wellen unterscheidet man zwischen Zwei-Strahl- und Vielstrahlinterferenzen. Die Anwendung optischer Interferenz-Erscheinungen sind sehr vielfältig in der Meßtechnik. Durch die Entdeckung der → Laser haben die Interferometrischen Meßmethoden an Bedeutung gewonnen. Bei Elementarteilchen beobachtet man wegen des Welle-Teilchen-Dualismus ebenfalls Interferenz-Erscheinungen.

→ Fizeau-Versuch, Michelson-Versuch, Sagnac-Effekt

Lit.: *Lehrbücher,* insbes. [6c, 9, 22c, 33, 38, 61, 93]

Interionische Wechselwirkung
→ Dispersions-Effekte

Inverse Magnetostriktion
→ Magnetischer Zug-Effekt

Inverser Compton-Effekt
→ Compton-Effekt

Inverser Peltier-Effekt
→ Thermoelektrische Effekte

Inverser Thermodiffusions-Effekt
→ Thermodiffusions-Effekt

Inverser Thomson-Effekt
→ Thermoelektrische Effekte

Inverser Zeeman-Effekt
→ Zeeman-Effekt

Ionisierung von Gasen
→ Nichtlineare optische Effekte

Isotherme galvanomagnetische Effekte
→ Galvanomagnetische Effekte

Isothermer Hall-Effekt
→ Galvanomagnetische Effekte

Isotopen-Effekt (1950) S
An isotopen Supraleitern wurde beobachtet, daß die Sprungtemperatur und das kritische Magnetfeld von der Masse des Isotops abhängt. Der Effekt zeigt die Bedeutung der Wechselwirkung zwischen Elektronen und Gitterschwingungen auch im supraleitenden Zustand.

Lit.: [11]

Isotopie-Effekt TK
Bei der Diffusion und Verdampfung von Isotopengemischen findet man, daß die leichten Isotope schneller diffundieren und verdampfen. Dies hat u. a. zur Folge, daß die chemische Reaktionsgeschwindigkeit von Isotopen unterschiedlich ist. Der Effekt wird zur Trennung von Isotopen verwendet.

Lit.: [76]

Jahn-Teller-Effekt (1937) F
In einem Kristall wird durch die Verzerrung des umgebenden Gitters die Entartung der Elektronen- (oder Loch-)Zustände einer Störstelle aufgehoben. Man unterscheidet den *statischen* und den *dynamischen Jahn-Teller-Effekt*. Bei einer starken Wechselwirkung zwischen Gitter und Störstelle verändern die Gitteratome ihre Gleichgewichtslage so, daß sich die Symmetrie verringert und dadurch die Entartung aufgehoben wird. Die Energie des gesamten Systems liegt niedriger als ohne Störung (Statischer Fall). Bei schwächerer Wechselwirkung zwischen Gitter und Störstelle wird die Entartung durch die Wechselwirkung der Störung mit den Phononen aufgehoben (Dynamischer Fall). In diesem Fall ist die Nullpunktsenergie der Gitterschwingungen vergleichbar mit der Energieänderung, die die Verzerrung durch das Gitter hervorruft.

Der Jahn-Teller-Effekt ist von grundsätzlicher Bedeutung für die chemische Bindung. Er gibt Hinweise, welche Struktur und welcher Elektronenzustand die niedrigste Energie liefert.

TELLER, Edward,
ung.-amerik. Physiker, 15. 1. 1908, Budapest

Sturge, M. D., *Solid State Phys.* **20**, 91 (1967)

Lit.: [27] [74] [75]

Joffé-Effekt (1924) Fe
Bei Ionen-Kristallen, wie Steinsalz, die unter dem gleichzeitigen Einfluß einer mechanischen Beanspruchung und eines Lösungsmittels entstehen, kommt es zu einer Erhöhung der Plastizität und auch der Festigkeit bis zum 25fachen der Trockenfestigkeit.

JOFFE (Joffe, Joffé), Abraham Fjodorowitsch,
russ. Physiker, 29. 10. 1880 – 14. 10. 1960,
seit 1918 Prof. in Leningrad

Joffe, A. F., *Z. Phys.* **22**, 17 (1924)

Lit.: [72]

Johnsen Effekt → Schrot Effekt

Johnsen-Rahbeck-Effekt H
Beim Stromdurchgang zwischen Metall und Halbleiter entsteht aufgrund der elektrostatischen Anziehung der als Kondensatorbeläge wirkenden Elektroden eine Haftwirkung. Dies kommt dadurch zustande, daß Metall und Halbleiter sich nur in wenigen Punkten so berühren, daß es bei anliegender Spannung zu einem Stromfluß kommen kann. Es bilden sich daher viele kleine Kondensatoren aus, die sich in ihrer Kraftwirkung, bei geringem Abstand, addieren. Beim System aus Metall und halbleitender Flüssigkeit wird der Effekt auch als *Winslow-Effekt* bezeichnet. Der Effekt läßt sich z. B. beim Lautsprecher verwenden: eine rotierende Halbleiterwalze ist von einem Metallband teilweise umschlungen. Eine Spannung zwischen Walze und Metallband erhöht die Reibung und damit die Zugspannung, die an der Membrane liegt.

JOHNSEN, John Bertrand,
schwed.-amerik. Physiker, 2. 10. 1887 – ?

Lit.: [6b, 69, 2. Aufl., 50 Bd. IV, 1]

Josephson-Effekte (1962) S
1962 sagte Josephson voraus, daß es analog zum normalen Elektronen-Tunnel-Effekt bei zwei supraleitenden Materialien, die durch eine dünne isolierende Schicht (~ 1 nm) getrennt sind, für die Cooper-Paare einen Tunnel-Effekt geben müsse. Das Magnetfeld in der Isolierschicht darf dabei nur wenige A cm^{-1} betragen. Elektronen

mit entgegengesetztem Spin sind zu Quasiteilchen verkoppelt, den Cooper-Paaren.
Der Tunnelstrom von Cooper-Paaren ist zunächst verlustlos, wenn der Tunnelstrom einen kritischen Wert nicht überschreitet. Der Tunnelübergang verhält sich dann wie ein Supraleiter. Der Tunnelstrom oszilliert in Abhängigkeit vom angelegten magnetischen Feld mit der Zahl der beteiligten Flußquanten (*Gleichstrom-Josephson-Effekt*). Ein Feld mit einer Feldstärke von etwa 1 A cm^{-1} genügt, um den Tunnelstrom zu schalten.
Liegt zusätzlich eine Spannung am Übergang an, die kleiner ist als zum Überwinden der Energielücke notwendig ist, so wird ein Wechselstrom erzeugt, der nur von den Naturkonstanten *h* und *e* abhängt *(Wechselstrom-Josphson-Effekt)*. Der Josephson-Effekt gestattet daher eine sehr genaue Messung des Planckschen Wirkungsquantums *h*. Zur Zeit versucht man die Eigenschaften des Josphson-Effektes in schnellen, supraleitenden Speichern nutzbar zu machen.

JOSEPHSON, Brian David,
brit. Physiker, 4. 1. 1940 Cardiff (Wales),
ab 1972 Prof. in Cambridge.

Josephson, B. D., *Phys. Lett.* **11**, 251 (1962)
Josephson, B. D., *Phys. Rev. Lett.* **1**, 251 (1962)
Fritsch, G., *Phys. Unserer Zeit* **6**, 126 (1975)
Shapiro, S., *Phys. Rev. Lett.* **11**, 80 (1963)
Lit.: [6d, 11, 15, 22d, 27, 44, 74, 75, 91]

Joule-Effekt (1842) → Magnetostriktion

Joule-Effekt (1841) EM

Hierunter versteht man die Erwärmung eines Leiters bei Stromdurchgang. Die entstehende Wärme ist dem Widerstand des Leiters, dem Quadrat der Stromstärke und der Zeit proportional.
Der Joule-Effekt überdeckt die Benedicks-Effekte und die Thomson-Effekte.
(→ Thermoelektrische Effekte)

JOULE, James Prescott,
brit. Physiker, 24. 12. 1818 Salford bei Manchester – 11. 10. 1889 Sale bei London

Joule, J. P., *Philos. Mag. Ser. III*, **19**, 260 (1841)
Lit.: [28b]

Joule-Thomson-Effekt (1847/1852) TK

(Drosseleffekt)
An einer Drosselstelle führt die adiabatische Entspannung bei realen Gasen zu einer Temperaturdifferenz im Gas vor und hinter der Drosselstelle. Vor der Drosselstelle hat man einen großen Druck und kleines Volumen, hinter der Drosselstelle kleinen Druck und großes Volumen. Joule und Thomson fanden bei ihren Experimenten eine Abkühlung hinter der Drosselstelle, die proportional der Druckdifferenz und umgekehrt proportional dem Quadrat der Temperatur zunahm.
In bestimmten Zustandsbereichen erfolgt eine Zunahme der Temperatur durch Drosselentspannung, der sogenannte *inverse Joule-Thomson-*(oder *Drossel-*)*Effekt*. Die Theorie des Joule-Thomson-Effektes liefert zwei weitere Begriffe: *Differentieller* und *integraler Joule-Thomson-Effekt*. Unter dem ersten versteht man die Änderung der Temperatur bei einer differentiellen Druckänderung bei konstantem Wärmeinhalt, während die einer endlichen Druckdifferenz entsprechende Temperaturdifferenz (Drosselungsabkühlung als integraler Joule-Thomson-Effekt bezeichnet wird. Der Effekt ist Grundlage für die großtechnische Verflüssigung von Gasen *(Linde-Verfahren)*.
Die Bezeichnungen „Joule-Thomson-Effekt" und „Drossel-Effekt" werden in den meisten Fällen synonym verwendet. Unter dem isothermen Drossel-Effekt versteht man die Änderung des Wärmeinhaltes mit dem Druck bei konstanter Temperatur; dies ist diejenige Wärmemenge, die man der Drosselstelle zuführen muß, um den Joule-Thomson-Effekt aufzuheben, d. h. die Temperatur konstant zu halten.

THOMSON, William, Lord Kelvin, 1824 – 1907

Joule, J. P., und Thomson, W., *Philos. Mag.* **4**, 481 (1852)
v. Linde, G., *D.R.P.* **88**, 824 (1895/1896)
v. Linde, G., *Ber. Dtsch. Keram. Ges.* **32**, 925 (1899)
Lit.: [6a] [22a, 23, 50 Bd. III, 1, 70 Bd. I]

Käfig-Effekt El

Können bei der Dissoziation von Molekülen die Dissoziationsprodukte wegen der anderen Moleküle nicht schnell genug wegdiffundieren, so kann es zu einer Rückreaktion kommen. Dies wird als Käfig-Effekt bezeichnet.

Lit.: [78]

Kaltleiter-Effekt HB

Der Kaltleiter ist vor allem bei Barium-Titanat-Keramik ausgeprägt, die ein polykristallines Ge-

füge aufweist. Kaltleiter haben einen positiven Temperaturkoeffizienten, und der Widerstand nimmt nichtlinear mit der Temperatur zu. Die Strom-Spannungscharakteristik ist wie bei den → Heißleitern nichtlinear.
Die damit verknüpfte Widerstandsanomalie beruht auf dem Einfluß der Korngrenzen des keramischen Gefüges.
Wie die Heißleiter werden Kaltleiter-Bauelemente in vielfältiger Weise in der Meß-und Regeltechnik verwendet.

Kniepkamp, H., und Heywang W., *Z. Angew. Phys.* **6**, 385 (1954)

Lit.: [58, 84, 85, 91, 92]

Kataphorese-Effekt
→ Elektrophorese, Elektrokinetische Effekte

Kataphoretischer Effekt
→ Brems-Effekte

Kathodo-Lumineszenz
→ Lumineszenz-Effekte

Keim-Effekt (1943) S
Beim magnetisch vollzogenen Übergang vom supraleitenden in den normalleitenden Zustand bleiben auch oberhalb des kritischen Magnetfeldes supraleitende Bereiche erhalten. Diese wirken als Keime, so daß der Übergang zum supraleitenden Zustand ohne Abkühlen unter die Sprungtemperatur möglich ist.

Lit.: [30]

Kern-Hanle-Effekt K
Hierunter versteht man die Abhängigkeit der linearen Polarisation der γ-Strahlung von der Hyperfein-Wechselwirkung im äußeren Magnetfeld. Der Effekt ist dem → Hanle-Effekt äquivalent. Man unterscheidet zweckmäßigerweise zwei Fälle:

1. Die Hyperfeinaufspaltung ist wesentlich größer als die natürliche Linienbreite des angeregten Kernniveaus. Man findet rechts und links zirkular polarisiertes Licht und keine lineare Polarisation.
2. Die Aufspaltung ist wesentlich kleiner als die natürliche Linienbreite. Dann können die rechts und links zirkular polarisierten Komponenten nicht unterschieden werden, sie interferieren, und man findet linear polarisierte Strahlung. Mit wachsendem äußeren Magnetfeld wächst die Zeemanaufspaltung, und der Grad der linearen Polarisation nimmt ab.

Lit.: Heusinger, R., et al., *Phys. Lett.* Vol. 49B No 3, 269 – 271 (15. April 1974)
Kreische, W., et al., *Phys. Rev.* C, Vol. 17 No. 6, 2006 – 2060 (1978, June)

Kernmagnetische (elektrodynamische) Resonanz-Effekte K
Die Wechselwirkung von magnetischem Kernmoment und elektromagnetischen Wellen führt zu Resonanz-Effekten, aus denen z. B. die vom magnetischen Moment herrührende paramagnetische Suszeptibilität ermittelt werden kann.
Hierher gehören die kernmagnetische Absorption und Dispersion.

Lit.: [76]

Kernphoto-Effekt (1934) K
(Chadwick und Goldhaber 1934)
Beim Kernphoto-Effekt können durch Absorption von Gammaquanten ein oder mehrere Neutronen emittiert werden. Dabei bleibt in der Regel ein radioaktiver Kern übrig. Der Kernphoto-Effekt setzt oberhalb von 5 MeV ein und hat Wirkungsquerschnitte, die um ein bis zwei Größenordnungen kleiner sind als die für andere Teilchenreaktionen. Der Effekt wurde zuerst am Neutron beobachtet. Man kann den Kernphoto-Effekt ausnützen, um fast monochromatische Neutronen mittlerer Energie zu erzeugen.

GOLDHABER, Maurice, 18. 4. 1911 (Lemberg)
CHADWICK, James, 20. 10. 1891 – 23. 7. 1974

Lit.: Chadwick, J., und Goldhaber, M., *Nature* **134**, 237 (1934)

Kern-Resonanzstreuung → Streu-Effekte

Kern-Thomsonstreuung → Streu-Effekte

Kernspin-Effekte K
Die Atomkerne haben einen Eigendrehimpuls oder Spin. Dieser ist wie der Spin der Hüllen-Elektronen durch elektromagnetische Felder beeinflußbar. Im Magnetfeld zeigen die Spektren eine durch den Kernspin hervorgerufene Hyperfein-Struktur. Die Energieterme lassen sich analog zu den optischen Spektren (→ Zeeman-Effekt usw.) berechnen.

Lit.: [90]

Kerr-Effekt (1875) EO

(elektrooptische Doppelbrechung)
Hierunter versteht man die Tatsache, daß optisch isotrope Materialien unter dem Einfluß eines homogenen elektrischen Feldes optisch anisotrop werden. Die auftretenden Brechungsindexunterschiede sind dem Quadrat der Feldstärke proportional. Üblicherweise wird eine Flüssigkeit wie Benzol, Schwefelkohlenstoff oder Nitrobenzol verwendet. Man unterscheidet zwischen positiv und negativ doppelbrechenden Substanzen, je nachdem ob der ordentliche oder außerordentliche Strahl die größere Geschwindigkeit hat. Werden die Moleküle durch das Feld ausgerichtet, so spricht man vom *Orientierungs-Kerr-Effekt.* Werden die Elektronen der Atome bzw. Moleküle beeinflußt, so spricht man vom *elektronischen Kerr-Effekt.*

Der Effekt ist am größten in Flüssigkeiten. In Festkörpern ist er mindestens eine Größenordnung, in Gasen drei Größenordnungen kleiner. Der Kerr-Effekt wird zum Schalten und Steuern von Licht, z. B. für Hochgeschwindigkeitsphotographie oder für Riesenimpulslaser, verwendet. Höhere Modulationsfrequenzen lassen sich aber erst mit Kristallen erreichen.

KERR, John,
brit. Physiker, 17. 12. 1824 – 18. 8. 1907,
Mathematiklehrer in Glasgow

Kerr, J., *Philos. Mag.* (4) **50,** 337, 446 (1875)

Lit.: [6c, 9, 22c, 19, 26, 57, 69, 71, 77, 50 Bd. II, 22]

Kikuchi-Effekt (1928) F

Bei der Beugung von Elektronen an dickeren Kristallschichten beobachtet man neben den üblichen Interferenzen dunkle und helle, praktisch gerade Linien. Meist sind eine helle und eine dunkle Linie parallel. Sie entstehen durch Interferenz und Beugung von Elektronen, die im Kristall diffus laufen, inelastisch gestreut und an anderen Netzebenen gebeugt werden. An jeder Netzebene entstehen Kegel abgebeugter Strahlen, die mit einem Absorptionskegel zusammenfallen. Wären Absorption von diffusem Primärstrahl und Interferenzstrahlen gleich, so würde der Effekt verschwinden.

KIKUCHI, Seishin,
jap. Physiker, geb. 1902

Kikuchi, S., *Jpn. J. Phys.* **5,** 83 (1928)

Lit.: [29a] [37]

Kinetische Effekte → Transport-Effekte

Kirk-Effekt (1962) HB

Die Laufzeit der Ladungsträger durch die Kollektorraumladungszone wird durch deren Breite und Driftgeschwindigkeit bestimmt.

Bei höheren Frequenzen schiebt sich die effektive Basis in die Kollektorzone ein, da die injizierte Minoritätsträgerdichte die Größenordnung der Basisdotierung bekommt. Dadurch sinkt die Grenzfrequenz ab. Man verwendet den Effekt u. a. zur Regelung der Transistorverstärkung und der Kollektoren.

Kirk, C. T., *IEEE Trans. Electr. Rev.* E0 – 9, 164 (1962)

Lit.: [84 Bd. III]

Kirkendall-Effekt (1942) F

Als Kirkendall-Effekt wird die Diffusion der Komponenten und die damit verknüpfte Verschiebung der Trennflächen in Legierungen bezeichnet. Die Komponenten der Legierung diffundieren unabhängig voneinander über Zwischengitterplätze und Leerstellen. Die Verschiebungen haben die Größenordnung von 10^{-1} bis 10^{-2} nm.

Der Kirkendall-Effekt zeigt, daß in Festkörpern Diffusion nur durch die Bewegung von atomaren Fehlstellen möglich ist.

Kirkendall, *Trans. Am. Inst. Min. Metall. Pet. Eng.* **147,** 104 (1942)

Lit.: [36]

Kirlian-Effekt (1939) EM

(Lichtenbergsche Figuren 1777)
Hierunter versteht man Entladungsfiguren, z. B. von Blättern oder anderen Objekten unter dem Einfluß hoher statischer elektrischer Spannung. Mit Hilfe des Effektes kann z. B. mit photoempfindlichen Halbleitern ein im infraroten Strahlungsbereich emittierendes oder reflektierendes Objekt photographiert werden.
(→ Korona-Effekt)

LICHTENBERG, Georg Christoph,
dt. Schriftsteller u. Physiker,
1. 7. 1742 – 24. 2. 1799, seit 1769 Prof. in Göttingen

Pehek, J. O., Kyler, H. J., und Faust, D. L., *Science* **194,** 263 (1976)

Pehek, J. O., Kyler, H. J., und Faust, D. L., *Phys. Unserer Zeit* **8,** 66 (1977)

Lit.: [50] [27a, Bd. IV, 1. Teil]

v. Klitzing-Effekt (1980) Ga

(quantisierter Hall-Effekt)
Mißt man bei tiefen Temperaturen (flüssiges Helium) und hohen Magnetfeldern (~ 15 T) die Hallspannung an Halbleiter-Inversionsschichten oder an dünnen Halbleiterschichten, so findet man eine Quantisierung der Hallspannung bzw. des Hall-Widerstandes. Die Ursache liegt in der fast vollständigen Quantisierung des durch Oberflächenfeld oder die dünne Schicht bedingten zweidimensionalen Elektronengases. Es läßt sich zeigen, daß die gemessenen Werte für die Hallspannung nur von der Feinstrukturkonstante α und der Lichtgeschwindigkeit c abhängen. Die geometrische Gestalt der Probe geht nicht in die Rechnung ein.
Zur Realisierung des zweidimensionalen Elektronengases werden MOS-Feldeffekt-Transistoren hoher Güte benützt, die eine Orientierung (100) aufweisen. Am Kanal dieses Transistors werden zusätzliche Elektroden angebracht, mit denen die Hallspannung gemessen werden kann.
Das transversale Magnetfeld ergibt bei tiefen Temperaturen die bekannten Landau-Niveaus der Energie, die im zweidimensionalen Fall Kreisen (→ Azbel-Kaner-Effekt) entsprechen. Nur auf solchen Bahnen können sich die Elektronen bewegen. Im Grunde handelt es sich um → Shubnikov-de Haas-Oszillationen, bei denen der → Magnetowiderstand als Funktion des Magnetfeldes oszilliert. Die Hallkonstante enthält bekanntlich die Anzahl freier Ladungsträger pro Volumeneinheit. Dies gilt für dreidimensionale und auch für zweidimensionale Proben. Im zweidimensionalen Falle ergibt die Landauquantisierung der Energieniveaus, daß die Hall-Leitfähigkeit in Einheiten von e^2/h quantisiert ist.
Die von v. Klitzing durchgeführten Messungen ergeben einen Wert für α mit einer Unsicherheit von 10^{-6}. Wesentlich dabei ist, daß dieser Wert unabhängig von der Quantenfeldtheorie gewonnen wird. Weiter läßt sich eine Meßvorschrift für die Widerstandseinheit Ohm mit Hilfe des quantisierten Hall-Widerstandes angeben.
Landwehr, G., *Phys. Bl.* **37**, 3, 59–65 (1981)
Lit.: Klitzing, K., Dorda, G., und Pepper, M., *Phys. Rev. Lett.* **11**, 8 (1980)

Knudsen-Effekt (1910) TK

Unter *Effusion* versteht man das Ausströmen von Gasen durch feine Poren oder Kapillaren, deren Durchmesser klein sind gegen die freie Weglänge. Zwei Gefäße werden durch eine poröse Platte oder eine Kapillare verbunden. Erhitzt man eine Seite der Platte (oder Kapillare), so findet man eine Druckdifferenz in den beiden Gefäßen. Knudsen fand zwei Fälle: Wird das ganze Gefäß bis zur Mündung der Kapillaren erhitzt, so tritt das Gas aus, die Dichte im Gefäß wird kleiner, weil der Druck weniger ansteigt als die Temperatur.
Wird nur die Mündung der Kapillare erhitzt, so tritt in das Gefäß Gas ein, weil sich in dem Gefäß ohne Temperaturerhöhung der Druck einstellen muß, der der Temperatur der Mündung entspricht.
Wenn man die Enden der Kapillare mit weiten Glasrohren verbindet, so kann man durch Erhitzen des einen kapillaren Endes einen Gasstrom erhalten.
Den inversen Effekt hat Dufour gefunden: Bei Diffusion durch eine poröse Platte (Strömen durch eine Kapillare) findet auf der Eintrittsseite eine Temperaturerhöhung statt.
KNUDSEN, Martin Christian,
dän. Physiker, 15. 2. 1871 – 27. 5. 1949, Fyn
Knudsen, M., *Ann. Phys.* **31**, 205, 633 (1910)
Dufour, L., *Arch. Sci. Phys. Nat. Genf* **45**, 9 (1872)
Dufour, L., *Pogg. Ann.* **148**, 490 (1873)
Lit.: [50 Bd. III, 2]

Kohn-Effekt F

Wenn der Wellenzahlvektor der Phononen, die ein Material durchlaufen, gerade dem Durchmesser der Fermikugel des Materials entspricht, so haben die Phononen die Tendenz, ähnlich wie bei der Bragg-Reflexion an den Netzebenen, stehende Wellen zu bilden. Dies macht sich in einer plötzlichen Änderung der Dispersionskurve für die Phononen bemerkbar und wird als Kohn-Effekt bezeichnet. Der Effekt ist normalerweise sehr klein; er wird jedoch größer, wenn die Fermifläche stark von der Kugelform abweicht.
Der Kohn-Effekt läßt sich zur Bestimmung der Fermifläche wie der → de Haas-van-Alphen-Effekt verwenden, hat aber wegen seiner Kleinheit nicht dessen Bedeutung. Er ist nachgewiesen an Blei und Aluminium.
KOHN, Walter, östr.-amerik. Physiker,
9. 3. 1923 (Wien)
Lit.: [21]

Koinzidenz-Effekt
→ Spuranpassungs-Effekt

Kolligative Effekte TK
(Osmotische Effekte)
Chemisches Potential und osmotischer Druck sind eng miteinander verknüpft. Da das chemische Potential auch von anderen Größen abhängt, werden die durch den osmotischen Druck beeinflußten Änderungen als osmotische Effekte, neuerdings als Kolligative Effekte bezeichnet. Hierzu gehören u. a. die *molare Siedepunktserhöhung* oder die *molare Gefrierpunktserniedrigung.*
Als *osmotischen Druck* bezeichnet man den Gleichgewichtsdruck in zwei- (oder mehr)-komponentigen heteorogenen Systemen, das aus zwei durch ein Diaphragma (mindestens semipermeable Wand) getrennte Phasen aufgebaut ist.
Lit.: [76]

Kondo-Effekt (1964) F
Bei einigen Metallen mit geringen Mengen magnetischer Verunreinigungen, z. B. ~ 10^{-3}% Eisen in reinstem Kupfer, beobachtet man bei tiefen Temperaturen zwischen 10 K und 40 K anstelle eines konstanten oder fallenden Widerstands ein Widerstandsminimum. Mit abnehmender Temperatur steigt dann der Widerstand wieder an. Dies wird durch eine Wechselwirkung der Spins der Leitungselektronen mit den Spins der Fremdatome erklärt.
KONDO, Yoshiva, 1924
Kondo, Y., *Prog. Theor. Phys.* **32,** 1589 (1964)
Lit.: [1] [6d] [20] [75]

Kopplungs-Effekt, quantenmechanischer AQ I
Die Atome eines leuchtenden Gases können sich gegenseitig so stark beeinflussen, daß es zu einer Verschiebung des Niveaus und zu einer vom Gasdruck abhängigen Verbreiterung der Emissionslinie kommt. Dies wird häufig als quantenmechanischer Kopplungs-Effekt bezeichnet.
Lit.: [38 Bd. III] [72]

Kopplungs-Effekte AQ I
In Atomspektren von Mehrelektronenatomen spielt die Isotopenzusammensetzung eine Rolle. Man nennt diesen masseabhängigen Beitrag zur Bindungsenergie der Elektronen, der sich zum → Mitbewegungs-Effekt addiert, Kopplungs-Effekt.
Je nach der Elektronenbewegung muß der Kern z. B. in entgegengesetzter Richtung ausweichen, damit das Atom selbst in Ruhe bleibt. Der Mitbewegungs-Effekt vergrößert oder verkleinert daher die Bindungsenergie.
Lit.: [38 Bd. III] [72]

Kopplungs-Effekt → Proximity-Effekt

Korona-Effekt EM
(Elmsfeuer, Eliasfeuer)
Hierunter versteht man büschelförmige elektrische Entladungen an Spitzen hoher Gegenstände, wie Blitzableiter, Masten etc.
Der Effekt tritt auch an elektronischen Bauelementen, z. B. Kondensatoren, auf und kann zu einer Verminderung der Spannungsfestigkeit führen. Bei Hochspannungsfreileitungen führt er zu zusätzlichen Verlusten.
Er beruht auf den an kleinen Krümmungen auftretenden hohen elektrischen Feldstärken, die den Austritt von Elektronen aus der Spitze begünstigen.
Lit.: [50 Bd. IV, 1; Bd. IV, 4] [76]

Kossel-Effekt (1934/1935) F
Bei der Beugung einer Kugelwelle von Röntgenstrahlen am Kristall, der zugleich Antikathode der Röntgenröhre ist, entsteht eine Eigenstrahlung, wobei die Atome des Kristallgitters als unabhängige Quellen monochromatischer Strahlung wirken.
Dies bildet ein System von Doppel-Kegeln bezüglich der Netzebenen; aus ihren Schnittlinien mit einer photographischen Schicht läßt sich die Gitterkonstante des Kristalls bestimmen.
Der Effekt ist dem → Kikuchi-Effekt verwandt.
KOSSEL, Walther, dt. Physiker,
4. 1. 1888 – 22. 5. 1956,
Prof. in Kiel, Danzig u. Tübingen
Lit.: [72]

Kreiselmagnetische Effekte
→ Gyromagnetischer Effekt,
→ Barnett-Effekt
→ Einstein-de Haas-Effekt

Kreuz-Effekte A
Die Transport-Effekte sind dadurch gekennzeichnet, daß „generalisierte" Ströme, – wie

Wärmeleitung, elektrische Leitung, Diffusion etc., – mit auslösenden „generalisierten“ Kräften verbunden sind: Diese Ströme sind dann allgemeine lineare Funktionen der Kräfte. Onsager hat im Rahmen der irreversiblen Thermodynamik gezeigt, daß die auftretenden Koeffizienten symmetrisch sind, auch im Falle des Magnetfeldes.

Als Kreuz-Effekte werden nun diejenigen Erscheinungen bezeichnet, die zwei (oder mehrere) Transportphänomene koppeln (einschließlich deren Umkehr-Effekte):

Thermische und elektrische Leitfähigkeit: Thermoelektrische Effekte;

Wärmeleitfähigkeit und Diffusion: Ludwig Soret- und Dufour-Effekt;

elektrische Leitfähigkeit und Diffusion: Elektrodiffusion und Umkehr-Effekt;

Elektrischer und/oder Wärmestrom im Magnetfeld: „generalisierte“ Hall-Effekte, Stromleitungseffekte;

(→ Stromleitungs-Effekte, → Elektrokinetische Effekte)

Lit.: [20] [23]

Kristall-Effekt F

Die Abhängigkeit makroskopischer Stoß- und/oder Absorptions-Querschnitte für Teilchen (Neutronen) von der Kristallstruktur des Materials wird als Kristall-Effekt bezeichnet. Der Effekt spielt eine Rolle bei der Berechnung eines Reaktors, bei dem diese Wirkungsquerschnitte der verwendeten Materialien für Neutronen bestimmend sind.

Lit.: [75]

Kristall-Photo-Effekt PH

In natürlichen Cuprid-Kristallen lassen sich durch Belichtung Photospannungen nachweisen, deren Richtung von der des erregenden Lichtstrahls abhängt. Der auftretende lichtelektrische Strom ist der Beleuchtung proportional, während die Spannung einem Sättigungswert zustrebt. Der Effekt ist auch an klarer Zinkblende nachgewiesen worden. Man nimmt an, daß durch die längs des Lichtweges erfolgende Lichtabsorption ein Elektronen-Konzentrationsgefälle entsteht, welches die Elektronen in Richtung des Lichtes vorwärts treibt.

Lit.: [76]

Kundt-Effekt (1884) Mo

Hierunter versteht man die außerordentlich große magnetische Drehung der Polarisationsebene, wie sie beim Durchgang von polarisiertem Licht durch sehr dünne Schichten von ferromagnetischen Stoffen auftritt. An sehr reinen Fe-, Ni-, MnBi-Wismut-Schichten ergeben sich verschiedene Werte der Kundt-Konstanten in der Größenordnung von 7×10^5 bis 8×10^5 Grad cm.

(→ magnetooptische Effekte)

Kundt, August Adolph Eduard Eberhard,
dt. Physiker, 18. 11. 1839 – 21. 5. 1894,
Prof. in Zürich, Würzburg, Straßburg u. Berlin

Kundt, A., *Wiedem. Ann.* **23**, 228 (1884)
Kundt, A., *Wiedem. Ann.* **27**, 191 (1885)

Lit.: [3] [22c] [89]

Lambshift (1947) AQ II

(Bethe-Effekt)

Bei der Lambshift handelt es sich um eine sehr kleine Verschiebung der Spektrallinien des Wasserstoffatoms: Nach der Dirac-Theorie sollte das $2^2S_{1/2}$-Niveau mit dem $2^2P_{1/2}$-Niveau zusammenfallen. Lamb und Retherford konnten mit Hilfe der Hochfrequenzspektroskopie nachweisen, daß der Singuletterm wenig über dem Tripletterm liegt. Dies wird erklärt durch die Wechselwirkung des Elektrons mit seinem virtuellen Strahlungsfeld, vor allem mit der sog. Vakuumpolarisation des elektromagnetischen Feldes, die eine Fluktuation oder Zitterbewegung des Elektrons hervorruft.

Die Größe der Lambshifts bietet eine glänzende Bestätigung der theoretischen Voraussage der Quantenelektrodynamik.

Lamb, Willis Eugene,
amerik. Physiker, 12. 7. 1913 Los Angeles,
Prof. an der Yale-Univ.

Bethe, Hans Albrecht,
dt.-amerik. Physiker, 2. 7. 1906,
seit 1935 Prof. in Ithaca (USA)

Lamb, W. E., und Retherford, R. G., *Phys. Rev.* Vol. **72**, 241 (1947)
Bethe, H. A., *Phys. Rev.* Vol. **72**, 339 (1947)
Schwinger, J., (Hrsg.): *Quantum Electrodynamics.* Dover Publ. Ltd. 1958

Lit.: [6d] [38 Bd. IV] [74] [75]

Langmuir-Effekt (1923) AQ II

(Thermoionischer Effekt)
Beim Langmuir-Effekt werden neutrale Atome im Vakuum an heißen Metalloberflächen ionisiert. Dabei muß die Austrittsarbeit der Elektronen aus dem Metall größer sein als die Ionisierungsenergie des Atoms.
Der Effekt wird zur Erzeugung intensiver positiv und negativ geladener Ionenstrahlen verwendet sowie als Detektor für neutrale Atome. *(Langmuir-Taylor-Detektor).*

LANGMUIR, Irving,
amerik. Physikochemiker, 31. 1. 1881 – 16. 8. 1957, seit 1909 Industrie-Physiker und Chemiker bei der General Electric Co. in Schenectady

Langmuir, I., *Science* **57**, (1923)
Lit.: [75]

Längs-Effekt

→ Piezoelektrischer Effekt
→ Zeeman-Effekt

Längsmagnetostriktion

→ Magnetostriktion

Laser (1960) L

Laser ist eine Abkürzung von **L**ight **A**mplification by **S**timulated **E**mission of **R**adiation. Es handelt sich also um Verstärker und vor allem um Oszillatoren im optischen Bereich. Im Gegensatz zu Glühlampen oder Entladungslampen, die auf spontanen Emissionsvorgängen beruhen (i. allg. thermische Strahlungsquellen), beruhen Laser auf der *induzierten Emission* und sind daher nicht-thermische Strahlungsquellen. Die entstehende Strahlung ist einfarbig (monochromatisch) sowie zeitlich und räumlich kohärent.
Wie in der Hochfrequenztechnik benötigt man zum Verstärken ein verstärkendes Element und eine Rückkopplung. Im Mikrowellen- und optischen Bereich lassen sich diese Elemente durch invertierbare Materialien und optische Resonatoren verwirklichen.
Für die Funktion von Lasern (und Masern = **M**icrowave **A**mplification by **S**timulated **E**mission of **R**adiation) ist die stimulierte Emission von grundsätzlicher Bedeutung.
Emission von Licht ist die Umkehrung der Absorption. Beim Durchgang von Licht durch optische Materialien wird das Licht nach einem Exponentialgesetz abgeschwächt, absorbiert. Dies bedeutet, daß ein Teil der Lichtquanten ihre Energie an Atome abgeben und diese angeregt werden: Elektronen werden vom Grundniveau zum höheren Niveau gebracht. Das aus dem Material austretende Licht hat eine geringere Intensität als beim Eintritt in das Material. Die angeregten Atome geben ihre Energie spontan und statistisch regellos in Form von Licht oder Wärme wieder ab. Die spontane Emission – Übergang eines Elektrons vom höheren zum niedrigen Niveau – ist nicht an ein äußeres Strahlungsfeld gebunden.
A. Einstein konnte 1916 zeigen, daß neben der spontanen Emission ein weiterer Vorgang auftreten muß, die induzierte oder stimulierte Emission. Geben die angeregten Atome bzw. Moleküle ihre Energie als Licht unter dem Einfluß eines äußeren Strahlungsfeldes wieder ab, so spricht man von induzierter Emission. Absorption, induzierte und spontane Emission sind unter normalen Bedingungen im Gleichgewicht. Für die Atome bzw. Moleküle bedeutet dies, daß die Energie-Niveaus als nach einer Boltzmann-Verteilung besetzt betrachtet werden können: Der Grundzustand ist voll mit Elektronen besetzt, die Besetzung der höheren Energieniveaus nimmt exponentiell ab.
Wird dem System Energie zugeführt, so läßt sich erreichen, daß das obere Niveau stärker mit Elektronen besetzt ist als das Grundniveau. Diesen Vorgang nennt man *Besetzungsinversion.* Das System ist dann nicht mehr im thermischen Gleichgewicht. Ein spontaner Emissionsvorgang oder eine einfallende Lichtwelle mit der richtigen Wellenlänge kann dann (mit einer gewissen Wahrscheinlichkeit) alle Emissionsvorgänge phasenrichtig stimulieren. Die aus dem Material austretende Welle wird dabei in ihrer Intensität verstärkt.
Es läßt sich zeigen, daß für eine Besetzungsinversion tatsächlich mindestens drei Energieniveaus notwendig sind.
Um vom Verstärker zum Oszillator zu kommen, benötigt man eine Rückkopplung. Im optischen Bereich wird dies durch optische Resonatoren bewirkt, deren Dimensionen groß gegenüber der Wellenlänge sind. Im einfachsten Fall besteht der Resonator aus zwei ebenen Spiegeln, die sich in einem Abstand der Resonatorlänge parallel gegenüberstehen. Das Licht pendelt also zwischen den Spiegeln hin und her, wenn es senkrecht auf die Spiegel trifft. Bei jeder Reflexion

geht ein Bruchteil der Strahlung verloren, da der Reflexionsgrad immer kleiner als eins ist. Weitere Verluste entstehen durch Beugung, Verkippung der Spiegel u. a. Um Oszillatoren zu erhalten, müssen die Verluste kleiner sein als die Verstärkung. Der Resonator bewirkt eine Verlängerung der Aufenthaltsdauer der Photonen innerhalb des Resonators und damit auch einen vollständigen Abbau der Inversion.
Ein Laser besteht also aus drei wesentlichen Komponenten: Invertierbares Material, optischer Resonator und Energiepumpe, um Besetzungsinversion zu erreichen.
Laserstrahlung läßt sich durch folgende Eigenschaften charakterisieren: Hohe Bündelungsfähigkeit (Resonatoreigenschaft), Monochromasie (definierter Übergang), räumliche und zeitliche Kohärenz (induzierte Emission), hohe Leistungsdichte im Fokus einer Linse und hohe Frequenz (optischer Übergang).
Es gibt eine Fülle von Lasersystemen. Typische Daten sind der Tabelle 6 zu entnehmen ([31 a], ergänzt):

Die heute bekannten Systeme, mehr als hundert, bieten die Möglichkeit, ca. 1000 verschiedene Wellenlängen zu erhalten. Wegen der Einzelheiten sei auf die Literatur verwiesen.
Je nach der Anregungsart unterscheidet man grundsätzlich zwischen *kontinuierlich emittierenden Lasern* und *gepulsten Lasern,* nach der Zahl der am Prozeß beteiligten Energieniveaus zwischen Drei- und Vier-Niveau-Systemen. Einige Systeme bieten die Möglichkeit, die Wellenlänge schmalbandig abzustimmen, so z. B. die Farbstoff-Laser.
Einige typische Laseranwendungen sind in der Übersicht zusammengestellt:

Laseranwendungen

Justiertechnik	räumliche Kohärenz
Abstands-/Dickenmessung	räumliche Kohärenz
Entfernungsmessung	hohe Intensität und räumliche Kohärenz
Interferometrie	zeitliche und räumliche Kohärenz

Tabelle 6. Lasersysteme.

Laser-System	Aktives Medium	Anregung	Typische Länge in cm	Ausgangsleistung in Watt kontinuierlich	gepulst	Wellenlänge in cm
Gas-Laser	Edelgase Molekülgase Metalldämpfe	Gasentladung, Chemische Anregung	10 – 50	$10^{-3} - 10^{4}$	$10^{3} - 10^{5}$	$10^{-4} - 10^{1}$
Flüssigkeits-Laser	Organische Farbstoffe in Lösungsmitteln	Blitzlicht Laserlicht	5	10^{-1}	10^{4}	$4.10^{-5} - 10^{5}$
Halbleiter-Laser	Halbleiterelemente mit Zn oder Se dotiert	elektrischer Strom	0,1	10^{-1}	10^{4}	$6.10^{-4} - 10^{-3}$
Festkörper-Laser	Kristalle und Gläser mit Metallatomen oder seltenen Erden dotiert	Blitzlichtlampen, kontinuierliche Gasentladungs-Lampen, Wolfram-Band-Lampen	2,5 – 20	$10^{-2} - 10^{2}$	$10^{4} - 10^{9}$	$5.10^{-5} - 5.10^{-2}$

Holographie	zeitliche und räumliche Kohärenz
Materialbearbeitung	hohe Intensität, räumliche Kohärenz
Spektroskopie	zeitliche Kohärenz
Nichtlineare Effekte	hohe Intensität, Kohärenz
Optische Nachrichtentechnik	hohe Intensität, Kohärenz

Die Verwirklichung des Laser-Effektes gelang den Physikern Maiman und Townes in den USA und Basow und Prochorow in der UdSSR.

MAIMAN, Theodore Harold,
amerik. Physiker, 11. 7. 1927 Los Angeles, Industriephysiker bei den Hughes Research Laboratories in Miami

BASOW, Nikolai, Gennadjewitsch,
russ. Physiker, 14. 12. 1922 Usman bei Woronesch

PROCHOROW, Alexandr Michailowitsch,
russ. Physiker, 11. 7. 1916 Atherton (Australien), seit 1958 Prof. in Moskau

TOWNES, Charles Hard,
amerik. Physiker, 28. 7. 1915 Greenville (S. C.), Prof. in New York, Cambridge (Mass.)

Grote, N., *Phys. Unserer Zeit* **8**, 103 (1977)
induzierte Emission (1916):
Einstein, A., *Verh. Dtsch. Phys. Ges.* **18**, 318 (1916)
Einstein, A., *Phys. Z.* **18**, 121 (1917)
Laser:
Ladenburg, R., und Kopfermann, H., *Z. Phys. Chem. Abt A* **139**, 375 (1928)
Purcell, E. M., und Pound, R. V., *Phys. Rev.* **81**, (2), 279–280 (1951)
Weber, J., *Trans. IRE* PGED **3**, 1–4 (1953)
Schalow, A. L., und Townes, C. H., *Phys. Rev.* **112**, 1940–1949 (1958)
Basov, N. G., Prochonov, und A. M., *Zh. EKsp. Teor. Fiz.* **27**, 431 (1954)
Basov, N. G., und Prochonov, A. M., *Zh. EKsp. Teor. Fiz.* **28**, 249 (1955)
Maiman, T. H., *Nature* **187**, 493–494 (1960)
Lit.: [19, 33, 48, 56, 57, 67]

Laue-Effekt (1912) F

(Laue-Verfahren)

Mit der Entdeckung des Laue-Effektes im Jahre 1912 beginnt die eigentliche Röntgenspektroskopie. W. C. Röntgen hatte die wesentlichen Eigenschaften seiner X-Strahlen (Röntgen-Strahlen) erkannt und beschrieben. Erst das Lauesche Experiment aber brachte die Entscheidung über die Natur der Röntgenstrahlen: Um die Wellennatur der Strahlung nachzuweisen, benützte er als Gitter Kristalle. Der Gitterabstand beträgt hier einige 10^{-8} cm, und die Wellenlänge der Strahlung sollte die gleiche Größenordnung haben. Zusammen mit Friedrich und Knipping wies er die Interferenz von Röntgenstrahlen an 0,5 cm dicken Platten aus Zinkblende nach. Zusammen mit den Versuchen von Barkla (1905) und anderen zur Polarisation der Röntgenstrahlen und den 1913/14 folgenden Versuchen von Moseley über die Gesetzmäßigkeiten der diskreten Röntgenstrahlung war damit die Wellennatur dieser Strahlung bewiesen.

Das Auftreten der Interferenzen wird als Laue-Effekt und die Nachweismethode als Laue-Verfahren bezeichnet. Es ist bis heute eines der grundlegenden Verfahren bei der Strukturanalyse von festen Körpern.

LAUE, Max von,
dt. Physiker, 9. 10. 1879–24. 4. 1960 Prof. in Zürich, Frankfurt a. M., Berlin u. Göttingen

MOSELEY, Henry, Gwyn Jeffrey,
engl. Physiker, 23. 11. 1887–10. 8. 1915

Laue, M. v., *München Ber.* 303–322 (1912)
Röntgen, C. W., *Wiedem. Ann.* **64**, 1 (1898)
Barkla, C. G., *Philos. Trans. London* **204**, 467 (1905)
Bragg., W. H., und W. L., *Proc. R. Soc. London Ser. A* **88**, 428 (1913)
Lit.: [25] [36] [50 Bd. II, 2.2]

Laue-Verfahren → Laue-Effekt

Laufzeit-Effekte A

Hierunter versteht man alle die Effekte, die durch die Laufzeit von Teilchen oder Wellen zustandekommen. Die Laufzeit von Elektronen ist z. B. für Hochfrequenzröhren von Bedeutung bzw. bei der Verstärkung hoher Frequenzen mit Hilfe von Röhren.

Impulse von elektromagnetischen Wellen (z. B. Lichtimpulse) haben die Eigenschaft, beim Durchlaufen eines Dielektrikums ihre Breite und Gestalt mit der Laufzeit zu verändern.

(→ Dispersions-Effekte)

Lit.: *Lehrbücher, Lexika,* Lit. zur Hochfrequenztechnik

Lawinen-Effekt → Avalanche-Effekt

Leidenfrostsches Phänomen (1756) Me

Bringt man einen Wassertropfen auf eine sehr heiße, glatte Unterlage, so verdampft er nicht sofort, weil sich eine schlecht wärmeleitende Dampfschicht bildet, die eine Benetzung der Oberfläche verhindert und die den Tropfen in der Schwebe hält. Der Effekt wird auch bei Edel- und Schwermetallen beobachtet, wenn man diese in glühendem Zustand mit Wasser in Verbindung bringt, ebenso bei Trockeneis.
(→ Marangoni-Effekt)

LEIDENFROST, Johann Gottlieb,
dt. Arzt, 27. 11. 1715 – 2. 12. 1794, seit 1743
Prof. in Duisburg

Lit.: [69] [76], *allgemeine Lehrbücher*
Exercitatio academica exhibens non nullas observationes circa aquae Simplicis naturam. Duisburg 1756

Lenard-Effekt (1890) Te, Ga, St

(Wechselstrom-Gleichstrom-Effekt)
In Metallen nichtkubischer Kristallstruktur ist der Gleichstromwiderstand größer als der Wechselstromwiderstand. Diese Erscheinung kommt zustande durch die Ausbildung eines transversalen Temperaturgefälles infolge des transversalen Peltier-Effektes. Diese erzeugt eine longitudinale Thermokraft infolge der transversalen Thermokraft. Im Falle von Wechselstrom genügend hoher Frequenz kann sich das transversale Temperaturgefälle nicht ausbilden, da es zu seinem Aufbau eine gewisse Zeit benötigt. Ein analoger Effekt (Lenard) tritt in allen Metallen auf, die sich in einem transversalen Magnetfeld befinden. Hier ist aber der Gleichstromwiderstand kleiner als der Wechselstromwiderstand.
(→ Thermoelektrische Effekte)

LENARD, Philipp Eduard Anton,
dt. Physiker, 7. 6. 1862 – 20. 5. 1947,
zuletzt Prof. in Heidelberg.

Lenard, P. E. A., *Wiedem. Ann. Phys.* **39**, 28 (1890)

Lit.: [76]

Lenard-Effekt (1892) EM

Wassertropfen sind aufgrund von molekularen Kräften zwischen Wasser und umgebender Luft immer geladen. Wird durch äußere Einwirkung die Oberfläche der Wassertropfen entfernt, so bilden sich schwebende, negativ geladene Tröpfchen, während das abfließende Wasser positiv geladen ist *(Wasserfallelektrizität, Balloelektrizität, Sprudeleffekt)*

Lenard, P. E. A., *Wiedem. Ann.* **46**, 584 (1892)

Lit.: [76] [27a] [Bd. IV, 1. Teil]

Lichtablenkung (1911) R

(Gravitations-Effekt, Ablenk-Effekt)
Elektromagnetische Wellen werden im Gravitationsfeld eines massereichen Sternes aus der geradlinigen Bahn abgelenkt. Die Allgemeine Relativitätstheorie liefert für Licht, das dicht am Rand der Sonne vorbeiläuft, einen Ablenkwinkel von 1,75″. Die experimentellen Werte liegen zwischen 1,61″ und 2,73″. Wegen der großen experimentellen Schwierigkeiten gelten die Werte als Bestätigung der Theorie. Die erste derartige Berechnung unter Verwendung der Newtonschen Gravitationstheorie führte Soldner 1801 durch, der die Hälfte des angegebenen Wertes ermittelte. (Diese Arbeit ist wiederabgedruckt in *Ann. Phys.* **65**, 593 (1921).) Im Jahre 1911 kam Einstein zu demselben Wert wie Soldner.
(→ Shapiro-Experimente 1967)

Einstein, A., *Ann. Phys.* (4) **35**, 898 (1911)

Lit.: [5c] [59]

Lichtelektrischer Effekt → Photo-Effekt, → Hallwachs-Effekt

Lichthydraulischer Effekt L

Beim Durchlaufen intensiver, gepulster Laserstrahlen durch Flüssigkeiten können Stoßwellen auftreten, deren Drücke zum Bearbeiten und Verfestigen von Werkstoffen dienen können.
(→ nichtlineare optische Effekte)

Lit.: [75]

Lichtenbergsche Figuren → Kirlian Effekt

Limb-Effekt

→ Gravitative Frequenzverschiebung

Linearer Doppler-Effekt

→ Optischer Doppler-Effekt

Linearer elektrooptischer Effekt

→ Pockels-Effekt

Longitudinaler Effekt → Brems-Effekte

Longitudinaler Doppler-Effekt
→ Optischer Doppler-Effekt

Longitudinaler Sperrschicht-Photo-Effekt → Sperrschicht-Photo-Effekt

Lossew-Effekt (1923) Lu
Lossew beobachtete eine Lumineszenz an einem SiC-Gleichrichter in der Nähe der Kontakte, wobei die Emission an der Anode und Kathode unterschiedlich war. Es handelt sich um Injektionslumineszenz in Durchlaßrichtung und um Stoßionisation in Sperrichtung.
Lit.: [6d]

Ludwig-Soret-Effekt
→ Diffusions-Thermo-Effekte

Lumineszenz-Effekte Lu
Unter Lumineszenz versteht man die Emission von Licht durch ein Material, das vorher durch Energieabsorption angeregt wurde. Die Bezeichnung wurde 1889 von E. Wiedemann eingeführt. Der Begriff faßt die Phänomene der *Fluoreszenz* und *Phosphoreszenz* zusammen, die physikalisch nur durch ihre verschiedene Abklingdauer unterschieden werden können: Die Phosphoreszenz entsteht durch Übergänge von metastabilen Zuständen, z. B. des Triplettsystems eines Moleküls oder von „traps" in Halbleitern und hat daher entsprechend lange Abklingzeiten. Der Fluoreszenz entsprechen direkte Übergänge im Singulettsystem. Man unterscheidet weiter folgende Arten:

Name	Anregung durch
Photo-Lumineszenz	Licht
Kathodo-Lumineszenz	Elektronen
Chemo-Lumineszenz	Elementarakt der chemischen Reaktion
Bio-Lumineszenz	innerhalb von Organismen ablaufende Reaktion
Elektro-Lumineszenz	elektrische Felder
Tribo-Lumineszenz	mechanische Einwirkung
Thermo-Lumineszenz	Temperaturerhöhung

Die größte technische Bedeutung hat die Elektrolumineszenz. Sie wird in vielfältiger Weise verwendet, z. B. zum Nachweis von Teilchen, Licht (Szintillatoren); zur Verstärkung von Licht (Bildverstärker) u. v. a. m.
Die Elektrolumineszenz läßt sich auf folgende Mechanismen zurückführen: 1. Injektion von Ladungsträger, 2. Stoßionisation im Kristall, 3. innere Feldemission.
Lit.: [6d, 8, 17, 22d, 27, 30, 49, 72 – 78, 90]

Macaluso-Corbino-Effekt (1898) Mo
Hierunter versteht man die anomal große magnetische Drehung der Polarisationsebene in der Nähe von Absorptionslinien, wie sie an stark verdünnten Gasen, bei denen die normale Drehung unmeßbar klein ist, beobachtet wird.
(→ magnetooptische Effekte)
MACALUSO, Danviano, ital. Phys., 1845 – ?
Corbino: → Corbino-Effekt
Macaluso, D., und Corbino, O. M., *C. R. Acord. Sci. Paris,* **127**, 548 (1898)
Corbino, O. M., *Nuovo Cimento,* **8**, 257 (1898)
Corbino, O. M., *Nuovo Cimento,* **8**, 381 (1899)
Lit.: [50 Bd. II, 2.2] [75] [77]

Maggi-Effekt → Photo-Effekte
(Äußerer Photoeffekt)

Maggi-Righi-Effekt
→ Thermomagnetische Effekte

Magnetische Doppelbrechung
→ Magnetooptische Effekte,
→ Cotton-Mouton-Effekt

Magnetische Drehung der Polarisations-Ebene
→ Faraday-Effekt

Magnetische Bubbles → Bobeck-Effekte

Magnetische Nachwirkungs-Effekte A, EM
Man unterscheidet zwei Typen von magnetischen Nachwirkungen: Die als *Jordannachwirkung* bezeichnete *thermische Nachwirkung* und die *Diffusionsnachwirkungen,* zu denen die *Richternachwirkung* gehört.
Bei der *Jordannachwirkung* unterliegt die magnetische Energie innerhalb eines Ferromagneti-

kums thermodynamischen Schwankungen des Spinsystems. Dies führt – ähnlich wie die Brownsche Molekularbewegung – zu sich statistisch ändernden lokalen Feldstärken innerhalb der magnetischen Bereiche und damit zu thermisch ausgelösten Barkhausensprüngen. Die Jordannachwirkung ist dem äußeren magnetischen Feld gleichgerichtet und erleichtert seine Wirkung: Die Magnetisierung erreicht höhere Werte als ohne den Effekt. Die Jordannachwirkung hängt mit den Hystereseerscheinungen zusammen und tritt bei allen magnetischen Materialien auf.
Die Diffusionsnachwirkungen beruhen auf Platzwechselvorgängen im Material: Die Magnetisierungsstrukturen wechselwirken mit den Gitterbausteinen und Gitterfehlern, die durch den Kristall diffundieren können.
Jede Magnetisierungsstruktur begünstigt eine bestimmte Anordnung z. B. der Zwischengitteratome und läßt sich leichter ändern, wenn die Zwischengitteratome Zeit haben, der Änderung zu folgen. Die Permeabilität besitzt also bei großen Frequenzen ohne Nachwirkung einen kleineren Wert als bei kleineren Frequenzen mit Nachwirkung. Das klassische Beispiel der Diffusionsnachwirkung ist die Diffusion von Kohlenstoffatomen in Eisen (→ Snoek-Effekt), die als Richternachwirkung bezeichnet wird, von Ritter ausführlich untersucht, von Snoek gedeutet.
Bei Ferriten beobachtet man die Diffusion von Elektronen, die als Wijn-Nachwirkung bezeichnet wird, und die Diffusion von Kationen.
Lit.: [18] [31] [37]

Magnetischer Speicher-Effekt
→ Bobeck-Effekt

Magnetischer Widerstands-Effekt
→ galvanomagnetische Effekte

Magnetischer Zug-Effekt Mm
(Inverser Magnetostriktions-Effekt)
Legt man an ein ferromagnetisches Material eine Zugspannung, so ändert sich seine Remanenz. Durch den Zug wird die spontane Verteilung der Weißschen Bezirke (Domänen) verändert. Zeigt das Material eine positive Magnetostriktion, so erhöht sich die Remanenz und umgekehrt. Der Effekt verschwindet, wenn die Magnetostriktion verschwindet.
Lit.: [4] [34] [50 Bd. IV, 4] [76]

Magnetoakustischer Effekt F
Bei der Absorption von Ultraschall in metallischen Einkristallen treten im homogenen Magnetfeld bei tiefen Temperaturen Oszillationen der Absorption als Funktion des Magnetfeldes auf. Der Effekt wird maximal, wenn Magnetfeld und Ausbreitungsrichtung des Ultraschalles aufeinander senkrecht stehen. Die Elektronen bewegen sich auf der Fermifläche (→ de Haas-van-Alphen-Effekt) auf einer durch das Magnetfeld bestimmten kreisförmigen Bahn mit ihrer Zyklotronfrequenz. Die Ultraschallwelle verzerrt das Gitter und baut daher periodische elektrische Felder auf. Wenn das periodische elektrische Feld und die Zyklotronbewegung in Resonanz sind, findet maximale Energieübertragung statt. Die Absorption ist dann am stärksten, wenn die Elektronen sich parallel zu den Phasenflächen der Ultraschallwelle bewegen. Senkrecht dazu erhält man minimale Absorption.
Mit Hilfe des magnetoakustischen Effektes kann man die Fermifläche des Materials bestimmen.
Lit.: [1] [71] [75] [76]

Magnetoelastizität-Effekt → Δ *E*-Effekt, → magnetomechanische Effekte

Magnetoelektrischer Effekt EM, Ga
In isolierenden Stoffen mit bestimmten komplizierten Strukturen, die eine magnetische Ordnung aufweisen, ruft ein elektrisches Feld eine proportionale Magnetisierung und ein magnetisches Feld eine proportionale elektrische Polarisation hervor. Als Erklärung werden Austausch-Effekte und Spin-Bahn-Wechselwirkung im Material herangezogen. Untersucht sind die Effekte bei Chrom(III)-Oxid.
Lit.: [76]

Magneto-hydrodynamischer Effekt Pl
Herrscht in einer kompressiblen, leitenden Flüssigkeit ein homogenes Magnetfeld, so wird in ihr, wenn sie eine Bewegung ausführt, eine elektrische Spannung erzeugt. Diese hat ihrerseits elektrische Ströme zur Folge, welche wiederum eine Änderung des magnetischen Feldes bewirken. Durch die Wechselwirkung zwischen den Strömen und dem Magnetfeld werden Kräfte wirksam, die schließlich den Bewegungszustand beeinflussen. Bei wellenförmiger Störung breiten sich das elektrische Feld, das magnetische Feld

und der Strom und auch der hydrodynamische Druck wellenförmig in Richtung des Magnetfeldes aus. Diese Wellen hießen magneto- hydrodynamische oder *Alfvén-Wellen.* Diese Alfvén-Wellen spielen in der Astrophysik zur Erklärung einiger Erscheinungen eine bedeutende Rolle.
Der Ladungstransport durch leitende Flüssigkeiten im Magnetfeld wird *im Magneto-Hydrodynamischen Generator* zur Stromerzeugung ausgenützt. Im Prinzip handelt es sich um den → Hall-Effekt am schnellströmenden ionisierten Gas im transversalen Magnetfeld. Dabei kommt es zu einer Trennung von Elektronen und Ionen. Die Spannung ist dem Magnetfeld, der Strömungsgeschwindigkeit und dem Plattenabstand, die Stromdichte dem Magnetfeld und der Strömungsgeschwindigkeit proportional.
Alle magneto-hydrodynamischen Effekte beruhen auf der *Lorentzkraft.*

ALFVÉN, Hannes, schwed. Physiker, 1908

Lit.: [6e] [43] [76]

Magnetokalorischer Effekt (1918) T

Bei bestimmten paramagnetischen Substanzen, die thermisch isoliert sind, führt eine plötzliche starke Änderung der Magnetisierung zu einer Temperaturänderung, die in der Tieftemperaturphysik zum Erreichen von Temperaturen wenig über dem absoluten Nullpunkt verwendet wird. Dabei wird das Magnetfeld plötzlich abgeschaltet, was eine Temperaturerniedrigung der Probe zur Folge hat.

(→ Elektrokalorischer Effekt)

Weiss, P., und Picard, A., *C. R.* **116**, 352 (1918)

Lit.: [3] [26]

Magnetomechanische Effekte Mm

(Magnetostriktions-Effekte, magnetoelastische Effekte)

Bei dieser Gruppe von Effekten werden mechanische und magnetische Eigenschaften ferri-oder ferromagnetischer Materialien miteinander verkoppelt. Es können sich dabei sowohl die mechanischen als auch die magnetischen Eigenschaften der Materialien ändern.

Man unterscheidet zwei große Gruppen:

1. Ein magnetisches Feld verursacht mechanische Änderungen an der Probe, z. B. Magnetostriktion, Wiedemann-Effekt.
2. Mechanische Kräfte und Spannungen bewirken magnetische Effekte, z. B. Villari-Effekt, Wertheim-Effekt.

Man findet folgenden Zusammenhang zwischen magnetisch-elastischen und elastisch-magnetischen Effekten:

Wenn **Zug** die Magnetisierung erleichtert (erschwert), muß die Magnetisierung eine Verlängerung (Verkürzung) der Probe bewirken.

Wenn **Druck** die Magnetisierung erleichtert (erschwert), so muß die Magnetisierung eine Verkürzung (Verlängerung) der Probe bewirken.

Nimmt das Volumen durch Magnetisierung zu (ab), so erhöht hydrostatischer Zug (Druck) die Magnetisierung und umgekehrt.

Tabelle 7.

Es wirkt	Änderung der Polarisationsrichtung, des Brechungsindex	Linienaufspaltung
Magnetfeld transversal zur Lichtausbreitung	Cotton-Mouton-Effekt Voigt-Effekt Majorana-Effekt Hanle-Effekt (Abnahme der Polarisation)	Zeeman-Effekt, 3 Komponenten (Quer-Effekt) Paschen-Back-Effekt (Übergangs-, Verwandlungs-Effekt)
Magnetfeld longitudinal zur Lichtausbreitung	Faraday-Effekt Becquerel-Effekt Kundt-Effekt Macaluso-Corbino-Effekt	Zeeman-Effekt, 2 Komponenten (Längs-Effekt)

(→ Magnetostriktion, → ΔE-Effekt, → Villari-Effekt, → Matteucci-Effekt, → magnetischer Zug-Effekt, → Wiedemann-Effekt.)
Lit.: [18] [50 Bd. IV, 4]

Magnetooptische Effekte Mo

Wie bei der elektrooptischen Doppelbrechung hat man zwei experimentelle Anordnungen: Das magnetische Feld wirkt entweder transversal oder longitudinal zur Lichtausbreitungsrichtung. Bei Durchgang von Licht durch optisch transparente Medien können sich Doppelbrechung bzw. eine Drehung der Polarisationsebene ergeben sowie eine Linienaufspaltung, wenn sich die Strahlungsquelle im Magnetfeld befindet. Die klassische Erklärung für die Effekte ist entweder die Anisotropie, die das Magnetfeld hervorrruft, oder die Lorentzkraft.
Die Effekte sind bei Licht und Mikrowellen zu beobachten (Tab. 7, Seite 48).
Die Polarisationsänderung bei der Reflexion an magnetischen Spiegeln wird als → magnetooptischer Kerr-Effekt bezeichnet.
Die magnetooptischen Effekte sind für die Untersuchung von Festkörpern, vor allem Halbleitern, von Bedeutung. Zusammen mit den Stromleitungs-Effekten ergeben sich Aussagen über die innere Struktur, wie Bandabstände, usw.
Lit.: [6c, 9, 18, 22c, 27, 50 Bd. II, 2.2]

Magnetooptische Verwandlung

→ Paschen-Back-Effekt

Magnetooptischer Kerr-Effekt Mo (1876)

Bei der Reflexion von polarisiertem Licht an Metallspiegeln entsteht i. allg. elliptisch polarisiertes Licht. Die Veränderungen von Phase und Amplitude des reflektierten Lichtes, die bei kräftiger Magnetisierung ferromagnetischer Spiegel entstehen, werden als magnetooptischer Kerr-Effekt bezeichnet: Läßt man linear polarisiertes Licht an einer glänzenden Oberfläche eines magnetisierten Materials reflektieren, so dreht sich die Polarisationsebene des reflektierten Strahles. (Es kann auch die glatte Oberfläche einer dünnen Schicht sein, und die Magnetisierung kann auch in der Oberflächenebene liegen.)
Mit Hilfe dieses Effektes kann man z. B. den Magnetisierungszustand von Metalloberflächen untersuchen und Veränderungen von magnetischen Bereichen, Weißschen Bezirken, beobachten. Der Effekt hängt eng mit dem → Kundt-Effekt zusammen. Man unterscheidet zwischen *longitudinalem, transversalem* und *polarem magnetooptischen Kerr-Effekt.*
(→ magnetooptische Effekte)
KERR, Joh.,
17. 4. 1824 – 1907
Kerr, J., *Rep. Brit. Ass.* (5), 40 – 41 (1876)
Kerr, J., *Philos. Mag.* (5) **3**, 321 – 343 (1877)
Lit.: [26] [50 Bd. II, 2.2]

Magnotoplasma-Effekte H

Hierunter faßt man die Effekte zusammen, die ein Magnetfeld in einem Halbleiterplasma hervorruft. Z. B. ändert sich die Anregung von elektromagnetischen Wellen im Halbleiterplasma, wenn das Magnetfeld die Richtung der Wellenausbreitung hat. Eine Erklärung der Effekte liefert die Lorentzkraft und die Zyklotronresonanz der Elektronen im Halbleiterplasma.
Lit.: [36]

Magnetostriktion Mm

(Joule-Effekt) (1842)
Wird ein Körper magnetisiert, so verändern sich seine geometrischen Abmessungen, wobei aber das Volumen des Körpers in erster Näherung erhalten bleibt. Der Effekt wird als Magnetostriktion bezeichnet.
Die magnetisch bedingte Gestaltsänderung wird häufig als *Joule-Effekt, Joule-Magnetostriktion* bzw. *Gestaltsmagnetostriktion* bezeichnet. Bei der Längsmagnetostriktion ändert sich die Länge der Probe in Richtung der Magnetisierung.
Die relative Längenänderung zwischen entmagnetisiertem und magnetisch gesättigtem Zustand *(Sättigungsmagnetostriktion)* beträgt etwa einige 10^{-5}.
Bei der Magnetostriktion unterscheidet man weiter zwischen Gestaltsänderung bei gleichem Volumen und kleinen Feldstärken (Joule-Effekt) und Volumenänderung (Volumenmagnetostriktion), die erst bei großen Feldstärken wesentlich wird.
Die Umkehrung *(inverse Magnetostriktion)* ist der *magnetische Zug-Effekt.*
Beim *Form-Effekt,* einem Beitrag zur Volumenmagnetostriktion, kommt es zu einer Zunahme des Volumens der Probe. Die magnetostatische

Energie eines Körpers in seinem eigenen magnetischen Feld hängt von seinem Volumen ab.
Die durch die Volumenmagnetostriktion verursachten Längenänderungen sind um ein bis zwei Größenordnungen kleiner als beim Joule-Effekt.
Die Magnetostriktion wird zur Erzeugung von Ultraschall und zur Feinjustierung z. B. v. Laserspiegeln verwendet.
(→ magnetomechanische Effekte)

Joule, J. P., *Ann. Electr. Magn. Chem.* **8,** 219 (1842)

Lit.: [3] [34] [50 Bd. IV, 4] [92]

Magnetowiderstand
→ galvanomagnetische Effekte

Magnetrotation → Faraday-Effekt

Magnus-Effekt (1852) Stö
Ein in einer Gas- oder Flüssigkeitsströmung rotierender Körper, dessen Rotationsachse senkrecht zur Strömung ist, erfährt eine auf beiden Richtungen senkrecht stehende Kraft. Der Effekt spielt in der Ballistik eine wichtige Rolle (Geschoßdrall, angeschnittene Tennisbälle).
Man hat versucht, den Effekt zum Antrieb von Schiffen und Flugzeugen zu verwenden, indem man Segel durch rotierende Türme ersetzt (Flettner-Rotor).

MAGNUS, Heinrich Gustav,
dt. Physiker u. Chemiker, 2. 5. 1802 – 4. 4. 1870, seit 1834 Prof. in Berlin

Ackeret, J.: *Das Rotorschiff und seine physikalischen Grundlagen.* Vanden Hoecke und Rupprecht, Göttingen 1925

Swanson, W. M., *ASME, J. Basic Eng.* **83,** 461 (1961)

Lit.: [6a] [69, 2. Auflage]

Majorana-Effekt (1902) Mo
Ein transversales Magnetfeld erzeugt in kolloidalen Lösungen, z. B. Eisenoxidsole, eine optische Anisotropie, die zur Ausbildung einer magnetisch erzeugten Doppelbrechung führt.
(→ magnetooptische Effekte)

MAJORANA, Quirino,
it. Physiker, 28. 10. 1871 – 31. 7.1957

Majorana, Qu., *Rend. Lincei* (5) **11,** 1, 374
Majorana, Qu., *Phys. Z.* **4,** 145 (1902)
Majorana, Qu., *Rend. Lincei* (5) **2,** 90, 139 (1902)

Lit.: [22c] [50 Bd. II, 2.2] [89]

Makroskopische Quanten-Effekte
→ Supraleitung, → Onnes-Effekte (Supraflüssigkeit)

Malus-Versuch (1808-1811) O
Läßt man Licht an einer Glasplatte reflektieren und den reflektierten Strahl nochmals an einer zweiten Glasplatte, so kann man durch Drehen der zweiten Glasplatte um die Achse des ersten reflektierten Strahles die Intensität des Lichtes verändern, und u. U. kann die Intensität null werden (Malus 1808). Die beiden Glasplatten wirken als Polarisator und Analysator: Bei der Reflexion entsteht teilweise polarisiertes Licht, weil vorwiegend die senkrecht zur Einfallsebene schwingende Komponente reflektiert wird. Dies gilt auch für die zweite Glasplatte. Ist der Einfallswinkel gleich dem Brewsterschen Winkel, so erhält man vollständig linear polarisiertes Licht. Der *Brewster-Winkel* ist dadurch definiert, daß der Tangens des Einfallswinkels gleich dem Brechungsindex ist. Für Glas ($n \approx 1{,}5$) findet man den Polarisationswinkel $\alpha \approx 57°$

MALUS, Etienne Louis,
fr. Ingenieur u. Physiker, 23. 6. 1775 – 23. 2. 1812, seit 1811 Lehrer an der Ecole Polytechnique in Paris,

Laplace, P. S., *Ann. Phys.* **31,** 274 – 285 (1809)

Lit.: [6c] [9] [22c] [50 Bd. II, 1]

Marangoni-Effekt Me
Die Tatsache, daß Wassertropfen unter bestimmten Bedingungen auf einer Wasseroberfläche „tanzen“ können, wurde schon 1885 von J. Tyndall untersucht.
Die Lebensdauer der Tropfen auf der Wasseroberfläche hängt von vielen Parametern ab: Oberflächenspannung, Reinheit, Bewegungszustand der Oberfläche. Es liegt nahe, an eine Verwandtschaft mit dem → Leidenfrostschen Phänomen zu denken: Man stellt sich vor, daß sich unter dem Tropfen kleine Luftpolster bilden. Die Tropfen versinken, wenn dieses Polster sich verflüchtigt hat. Wird die Oberflächenspannung unter dem Tropfen verringert, so ziehen die oberflächennahen Schichten das Luftpolster hervor und die Tropfen bewegen sich in einer Rich-

tung, bis sie versinken. Dies wird als Marangoni-Effekt bezeichnet.

Ein Verständnis dieser Phänomene ist für die Kenntnis der Nebelbildung und der Auflösung von Nebel von Bedeutung.

Walker, J., *Sci. Am.* 1978 (Juni), 123

Lit.: *Phys. Unserer Zeit* **10**, 33 (1979)

Maser → Laser

Massen-Effekt → Analogzustände

Matteucci-Effekt (1847) Mm

Tordiert man in einem magnetischen Längsfeld einen Eisenstab, so ändert sich seine Magnetisierung. Tordieren und Detordieren des magnetischen Stabes führt zu Induktionsströmen. Der Effekt ist, wie Thomson gezeigt hat, mit einer schwachen Hysterese behaftet.

Neben diesem *positiven* Effekt fand Schmoller einen *negativen Matteucci-Effekt,* bei dem bei gleichsinnig wachsender Magnetisierung an den Drahtenden entgegengesetzt gerichtete elektromotorische Kräfte auftreten.

MATTEUCCI, Carlo, it. Physiker, Prof. in Pisa 20. 6. 1811 – 25. 6. 1868

Matteucci, C., *Ann. Chim. Phys.* **5**, 416 (1858) *C. R.* (1847)

Schmoller, F. Z., *Phys.* 93, 35 (1935)

Lit.: [26] [50 Bd. IV, 4]

Maxwell-Effekt O

In strömenden Flüssigkeiten entsteht eine optische Anisotropie, wenn Geschwindigkeitsgradienten existieren. Rotiert die Flüssigkeit, so können Effekte aufgrund der Corioliskraft auftreten, die sich aber statistisch ausmitteln. Daher bleiben nur solche Effekte übrig, die mit der linearen Bewegung der Flüssigkeit zu tun haben. Suspensionen und kolloidale Lösungen von anisotropen Teilchen erhalten durch die Geschwindigkeitsgradienten in der Strömung eine Orientierung. Dies wird als Maxwell-Effekt bezeichnet.

MAXWELL, James Clark, schott. Physiker, 13. 11. 1831 – 5. 11. 1879

Lit.: [28 Bd. VIII]

Maxwell Lippmann-Effekt

→ Abschirm-Effekt

Meissner-Effekt S

(Meissner-Ochsenfeld-Effekt, Verdrängungs-Effekt)

Die phänomenologische Theorie der Supraleiter von Lippmann (1919) betrachtete diese als Leiter mit unendlich großer elektrischer Leitfähigkeit. Die maxwellsche Elektrodynamik führt unter dieser Annahme zu der wichtigen Folgerung, daß das Innere eines Supraleiters gegen den Außenraum elektromagnetisch völlig abgeschirmt ist. Bringt man ihn in ein statisches Magnetfeld, so bleibt das Innere des Leiters feldfrei. Dies haben direkte Ausmessungen des Feldes bestätigt. Das Ergebnis dieses Versuches sollte aber anders ausfallen, wenn man den Körper oberhalb der Sprungtemperatur in das Magnetfeld bringt und ihn dann durch Abkühlung supraleitend macht. In diesem Fall sollte das Magnetfeld ungestört durch den Supraleiter hindurchgehen. Das Experiment (Meissner 1933) widerlegte eindeutig diese Aussage, indem es zeigte, daß das Innere eines hinreichend dicken Supraleiters im äußeren Magnetfeld stets magnetfeldfrei bleibt: Das Magnetfeld wird aus dem Supraleiter bis auf eine dünne Randschicht verdrängt. Die Abschirmung des Magnetfeldes geschieht durch einen in der Randschicht fließenden Dauerstrom. Dieser ist der im Leiter erfolgten Flußänderung proportional.

MEISSNER, Fritz Walther, 16. 12. 1882 – 16. 11. 1974, seit 1934 Prof. in München

Meissner, F. W., und Ochsenfeld, R., *Naturwissenschaften* **21**, 787 (1933)

Lit.: [3, 6b, 6d, 11, 15, 21, 22b, 22d, 27, 30, 38 Bd. V, VI, VIII, 41, 70 Bd. II, 74, 75, 90]

Meissner-Ochsenfeld-Effekt

→ Meissner-Effekt

Memory-Effekt (1972) F

(Gedächtnis-Effekt, Form-Gedächtnis-Effekt (FGE))

Einige Legierungssysteme haben die Eigenschaft, sich ihren mechanischen Zustand bei einer bestimmten Temperatur zu „merken“. Eine Biegung bei niedriger Temperatur führt bei hohen Temperaturen z. B. zu einer Streckung, die beim Abkühlen wieder in die gebogene Form übergeht. Der Vorgang ist reversibel und als Schalter, Motor oder Antrieb anwendbar.

Der Effekt läßt sich mit Hilfe martensitischer und ähnlicher Umwandlungen erklären. Dabei überträgt sich die kleine Bewegung atomarer Bereiche auf das Kollektiv, wodurch die mechanischen Eigenschaften beeinflußt werden.
Man unterscheidet den elastischen Form-Gedächtnis-Effekt *(Super-* oder *Ferroelastizität),* den *plastischen FGE* (aus der martensitischen Phase) und den *Zwei-Weg-FGE* (aus der Austenit-Phase), der unvollständig und löschfähig ist. Es gibt eine Reihe weiterer Memory-Effekte, wie z.B. die → Relaxations-Effekte, → Ovshinsky-Effekte usw.

Tabelle 8. „Memory"-Legierungen.

Kupfer-Zinn
Kupfer-Zink
Kupfer-Aluminium
Kupfer-Aluminium-Nickel
Mangan-Kupfer (5 – 50 %)
Gold-Kadmium
Kadmium-Silber-Gold
Nickel-Titan (52 – 60 %)
Eisen-Platin
Indium-Thallium
Uran-Molybdän (2 – 7 %)
Uran-Niob (3 – 11 %)
Uran-Rhenium (2 – 7 %)

Tas et al., *J. Less-Common Met.* **28,** 141 (1972)
Phys. Unserer Zeit **8,** Nr. 2, 33 (1977)
Science **191,** 934 (1976)
Lit.: [28a]

Merrington-Effekt Stö

Flüssigkeiten, die ein nicht normales Strömungsverhalten haben *(nicht-Newtonsche Strömung, Reiner-Rivlin-Flüssigkeiten)* zeigen aufgrund von positiven Normalspannungen beim Ausströmen aus einer Düse ein starkes Aufweiten, wobei der Durchmesser der austretenden Flüssigkeit ein Vielfaches des Düsendurchmessers betragen kann. Die Aufwertung nimmt mit dem Durchsatz und kleiner werdendem Düsendurchmesser zu.
Lit.: [75]

Mesomerer-Effekt

→ Substituenten-Effekt

Michelson Versuch (1881) R

Ziel des Versuches ist es, die Geschwindigkeit der Erde gegenüber dem ruhenden Äther zu messen. Der Michelson-Versuch widerlegt die Hypothese von der Existenz des Äthers. Aus dem negativen Ergebnis des Experiments schloß man auf die Konstanz der Lichtgeschwindigkeit im Vakuum in allen Richtungen.
Im *Michelson-Interferometer* wird ein paralleler Lichtstrahl in zwei zu einander senkrechte Teilbündel aufgespalten und nach Durchlaufen gleicher optischer Wege an zwei Spiegeln reflektiert. Die Teilstrahlen werden anschließend wieder vereinigt, und man beobachtet die Interferenz der Strahlen.
Nach der Ätherhypothese sollte nun Licht in Bewegungsrichtung der Erde und senkrecht zu ihr verschieden schnell laufen: Man dreht nun die Anordnung um 90° und muß eine Verschiebung der Interferenzstreifen beobachten. Da die Auflösung des Interferometers 10^{-15} beträgt, und sich für die bewegte Erde (Rotationsbewegung um Sonne) rechnerisch 10^{-8} ergibt, sollte ein deutlicher Effekt zu beobachten sein.
In der Tat beobachtet man aber keine Verschiebung der Interferenzstreifen. Da aus anderen Experimenten eine Mitführung des Äthers durch die Erde auszuschließen ist, muß man die Ätherhypothese aufgeben. Der Michelson-Versuch wurde von Michelson vor allem mit dem amerikanischen Chemiker Eduard Williams Morley (1838 – 1923) ausgeführt (1887) und später mit steigender Präzision wiederholt. Auch die Verwendung des → Mößbauer-Effektes durch Champeney (1963) führt zu demselben Ergebnis.
MICHELSON, Albert Abraham,
amerik. Physiker poln. Abstammung, 19. 12. 1852 – 9. 5. 1931, zuletzt Prof. in Chicago
Michelson, A. A., *Astrophys. J.* **61,** 9, (1925)
Michelson, A. A., *Am. J. Sci.* **22,** 6 (1881)
Michelson, A. A., *Am. J. Sci.* **31,** B 77 (1886)
Michelson, A. A., und Morley, E. W., *Am. J. Sci.* (3) 333 (1887)
Michelson, A. A., *Phil. Mag.* (5) **24,** 463 (1887)
Lit.: [6c, 10, 16, 22c, 40 Bd. I, 50 Bd. V, 2, 61 Bd. IV] *Lexika*

Mie-Effekt (1908) Str

(Mie-Streuung)
Der Mie-Effekt tritt auf, wenn die Streuung von Lichtstrahlen an Teilchen stattfindet, deren Ab-

messungen vergleichbar mit der Wellenlänge der Lichtstrahlung oder größer sind. Mit wachsendem Radius der streuenden Teilchen findet man eine zunehmende Rückwärtsstreuung.
Die von den verschiedenen Bereichen der streuenden Teilchen ausgehenden Streuwellen erfahren eine Phasenverschiebung und können sich daher in bestimmten Richtungen durch Interferenz auslöschen, in anderen dagegen verstärken. Der Effekt spielt z. B. eine Rolle bei der Streuung von Licht an Dunstteilchen in der Atmosphäre. Es zeigt sich, daß bei großen Partikeln in der Atmosphäre die Streuung von Licht besser durch die Mie-Streuung beschrieben wird als durch die → Rayleigh-Streuung.
(→ Streu-Effekte)

MIE, Gustav Adolf Ludwig,
dt. Physiker, 29. 9. 1868 – 13. 2. 1957, zuletzt Prof. in Freiburg i. Br.

Lit.: [6c, 9, 74, 75, 93]

Mitbewegungs-Effekt AQ I

Bei der quantenmechanischen Berechnung der Energieterme von Atomen wird allgemein in 1. Näherung der Kern als ruhend angenommen. In Wirklichkeit bewegen sich aber Kern und Elektronen um einen gemeinsamen Schwerpunkt. Durch diese Mitbewegung des Atomkerns muß die Bindungsenergie der Elektronen in der Hülle korrigiert werden. Während der Effekt beim Wasserstoff einfach zu berechnen ist, treten bei mehreren Hüllenelektronen große Berechnungsprobleme auf.

Lit: [75]

modal noise-Effekt

(modal distortions, Modenrauschen)
Ein Störeffekt, der in Multimodenfasern auftritt, wenn sie mit einer Lichtquelle mit großer Kohärenzlänge betrieben werden. Der Lichtintensität in der Faser ist (räumlich) eine Granulation überlagert (speckle pattern), die sich ändert, wenn:
1. Die Faser bewegt wird,
2. das Spektrum des Lasers sich durch Temperaturschwankungen, Arbeitspunktänderungen oder modulationsabhängig ändert.

Durch modenabhängige Dämpfung in Steckern, Spleißen oder in der Faser selbst werden die räumlichen Granulationsverschiebungen in zeitliche Schwankungen der vom Photodektor empfangenen Lichtleistung umgesetzt. Dies bedeutet Rauschen bzw. Signalverzerrungen.

Lit.: 4. European Conference on Optical Communication, Genua, Sept. 1978, Epworth, R. E., Standard Telecommunication Laboratories Limited, Harlow, Essex

Møller-Streuung

→ Streuung von Teilchen, Mott-Streuung

Mößbauer-Effekt (1958) K

(Resonanzabsorption von γ-Quanten)
Der Mößbauer-Effekt liefert ein Verständnis der Absorption und Emission von Gammastrahlung durch Atomkerne. Bei gasförmigen Gammaquellen ist die Form des emittierten Frequenzspektrums durch die thermische Bewegung der Moleküle, den bei der Emission auftretenden Rückstoß und den Doppler-Effekt bestimmt. Durch den Einbau der Atome in geeignete Kristalle kann man bei tiefen Temperaturen erreichen, daß die Kerne praktisch rückstoßfreie Gammaquanten emittieren (Mößbauer-Effekt), wobei die natürliche Linienbreite der Emission beobachtbar wird und keine Dopplerverbreiterung mehr auftritt.
Mit dem Mößbauer-Effekt lassen sich Energie- und Frequenzmessungen mit einer Unsicherheit von 10^{-15} erreichen. Der Mößbauer-Effekt bestätigt die Konstanz der Lichtgeschwindigkeit und die relativistischen Formeln für die Abhängigkeit der Zeit und Masse von der Geschwindigkeit. Er läßt sich auch zur Prüfung der Allgemeinen Relativitätstheorie A. Einsteins verwenden. (Rotverschiebung der Lichtfrequenzen im Gravitationsfeld)
Mößbauer hat den Effekt 1958 experimentell nachgewiesen und theoretisch gedeutet.

MÖSSBAUER, Rudolf Ludwig,
dt. Physiker, 31. 1. 1929 München, 1961 – 1964 Prof. am Institute of Technology in Pasadena (Calif.) danach in München, Direktor d. Institut Laue-Langevin in Grenoble 1973 – 1978

Mößbauer, R. L., *Z. Phys.* **151**, 124 (1958)
Mößbauer, R. L., *Naturwissenschaften* **45**, 538 (1958)
Mößbauer, R. L., *Phys. Bl.* **18**, 97 (1962)

Lit.: [6c, 6d, 74, 75, 81]

Mott-Streuung → Streuung von Teilchen

Nachwirkungs-Effekte
→ Relaxations-Effekte

Nernst-Effekt
→ Galvanomagnetische Effekte

Neugebauer-Effekt Eo
Der von Neugebauer diskutierte, von der Änderung der Polarisation im äußeren elektrischen Feld herrührende Beitrag zur elektrooptischen Doppelbrechung, ist äußerst klein.

→ elektrooptische Effekte

NEUGEBAUER, Theobald Ludwig, ung. Physiker 30. 5. 1904

Lit.: [76]

Nichtlineare optische Effekte L
Die elektrische Polarisation hängt unter normalen Bedingungen linear von dem elektrischen Feld oder der dielektrischen Verschiebung ab. Im Rahmen dieses Zusammenhanges lassen sich praktisch alle Effekte der klassischen Optik und Kristalloptik erklären.
Allgemein hängt aber die Polarisation als Funktion der Feldstärke auch von höheren Gliedern der Reihenentwicklung ab: Neben dem linearen Anteil kommen bei hohen Feldstärken die quadratischen und kubischen Terme zur Wirkung. Sie beschreiben das Gebiet der nichtlinearen Optik. Es ergibt sich eine Reihe von Effekten, die z. T. aus der Akustik und Hochfrequenztechnik bekannt sind:

Bezeichnung	Bedeutung
Frequenzverdopplung	Zahlreiche Kristalle verdoppeln die Frequenz des eingestrahlten Lichtes
Optisches Mischen	Bei Einstrahlung von zwei Lichtwellen unterschiedlicher Frequenz entstehen außer den doppelten Frequenzen auch die Summen- und Differenzfrequenzen
Optische Gleichrichtung	Gewisse Kristalle wirken wie Gleichrichter, d. h. sie verwandeln einen Teil des elektrischen Wechselfeldes des Lichtes in ein Gleichfeld
Optischer Kerr-Effekt	Ein starkes linear polarisiertes Lichtfeld erzeugt in isotropen Medien eine Anisotropie, d. h. Doppelbrechung
Intensitätsabhängige Transmission	Die Transmission absorbierender Medien kann sich unter dem Einfluß intensiven Lichtes ändern (passive optische Schalter)
Selbstfokussierung	Bei hohen Lichtintensitäten kann sich der Brechungsindex des Mediums derartig ändern, daß der Lichtstrahl sich von selbst einschnürt
Induzierte Streuung	Die normale Streuung des Lichtes erfolgt mehr oder weniger gleichmäßig in alle Raumrichtungen. Die induzierte Streuung erfolgt in bevorzugte Richtungen, wobei das Streulicht durch induzierte Effekte verstärkt werden kann.
Ionisierung von Gasen	Bei extrem hohen Lichtintensitäten können Atome im Strahlungsfeld ionisiert werden.

Lit.: [19, 22c, 32, 48, 56, 57, 67]

Nikischow-Effekt AQ II
Hierunter versteht man die Erzeugung von Elektron-Positronpaaren beim Stoß niederenergetischer Photonen mit hochenergetischen Photonen (γ-Quanten). Die Schwelle für diesen Prozeß liegt mit über 7,1 GeV sehr hoch.

Lit.: [14]

Normaler Photo-Effekt → Photo-Effekte

OEN-Effekt
→ Thermomagnetische Effekte

Onnes Effekte (1913) T
(Kammerlingh-Onnes) (Supraflüssigkeit)
Unter dem Onnes-Effekt versteht man die Eigenschaften des flüssigen Helium II (Isotop ^{4}HeI) über eine Barriere, z. B. über den Rand eines Bechers, in einem dünnen Film überzufließen. Der Effekt tritt ein, wenn die Temperatur über den gesamten benetzten Rand weniger als 2,17 Kelvin beträgt. Unterhalb dieser Temperatur ändert

flüssiges Helium praktisch alle seine Eigenschaften sprunghaft:
Die Wärmeleitung wird unendlich groß, die Viskosität unendlich klein. Weiter ändern sich die Dichte, die spezifische Wärme, die Dielelektrizitätskonstante, die Schallgeschwindigkeit und das Verhalten unter Drehungen.
Die Heliumkerne haben den Spin 0, was bei tiefen Temperaturen zu einer Entartung der Bose-Einstein-Statistik führt, der sogenannten *Bose-Einstein-Kondensation* im Impulsraum (Einstein 1924). Hierbei wird die Zahl der Atome groß, die nur noch die Nullpunktsenergie besitzen und daher keinen Impuls mehr übertragen können. Helium II besteht also, vereinfacht dargestellt, aus zwei Flüssigkeitskomponenten, einmal aus solchen Teilchen, die einen endlichen Impuls aufweisen, und solchen ohne Impuls. Die supraflüssige Komponente hat daher die Entropie null, was der absoluten Temperatur O K entspricht. Die supraflüssigen Teilchen ohne Impuls können sich ohne Reibung an den Wänden und durch die restlichen Flüssigkeitsteilchen bewegen.
Beim Strömen durch Kapillare tritt wegen des Fehlens von thermischer Energie ein Transport von Kälte ein. Der *mechanokalorische Effekt* besteht darin, daß sich hierbei der Behälter erwärmt: Die Entropie im Behälter muß zunehmen. Aufgrund des Energiesatzes und des zweiten Hauptsatzes der Thermodynamik muß sich dabei der Druck im warmen, aussendenden Behälter erhöhen *(Thermodynamischer Druck-Effekt, Fontänen-, Springbrunnen-Effekt)*.
Lit.: [6e]

Optischer Doppler-Effekt O

Es handelt sich um eine ähnliche Erscheinung wie beim akustischen Doppler-Effekt. Man beobachtet bei bewegten Lichtquellen eine Verschiebung der Frequenz bzw. der Wellenlänge des Lichtes: Bewegt sich die Quelle auf den Beobachter zu, so ergibt sich eine Blauverschiebung; entfernt sie sich, so beobachtet man eine → Rotverschiebung. Der optische Doppler-Effekt ist ein relativistischer Effekt.
Stark entdeckte 1905 den optischen Doppler-Effekt am Licht der Kanalstrahlen, wo er wegen der schnellen Bewegung der Teilchen gut zu beobachten ist (*Stark-Doppler-Effekt,* 1906).
Bei sehr schnell bewegten Quellen oder Sendern, deren Geschwindigkeit vergleichbar mit der Lichtgeschwindigkeit ist, muß die spezielle Relativitätstheorie berücksichtigt werden. Fallen Beobachtungs- und Bewegungsrichtungen zusammen, so spricht man vom *longitudinalen Doppler-Effekt*.
Die Näherung der relativistischen Formel, für kleinere Geschwindigkeiten von Quelle oder Sender, ergibt den *linearen Doppler-Effekt.* Wenn die Richtungen des Lichtes und der Relativbewegung nicht übereinstimmen, insbesondere wenn sie aufeinander senkrecht stehen, ist der sogenannte *transversale Doppler-Effekt* oder *quadratische Doppler-Effekt* zu beobachten. Dieser wurde ebenfalls an Kanalstrahlen nachgewiesen.
Der Doppler-Effekt wird u. a. zur Geschwindigkeitsmessung bewegter Objekte verwendet, z. B. beim Doppler-Radar. Er spielt in fast allen physikalischen und technischen Disziplinen eine wichtige Rolle. (Dopplerverbreiterung von Spektrallinien, Mößbauer-Effekt usw.).
In der Astronomie ist der optische Doppler-Effekt bei der Interpretation von Spektren von großer Bedeutung (Größe und Richtung der Geschwindigkeit des Objekts, Rotation usw.

Stark, J., *Ann. Phys.* **21** 401 (1906)
Stark, J., *Ann. Phys.* **26**, 27 (1908)
Lit.: [9] [10] [40 Bd. I] [76]

Optische Gleichrichtung

→ nichtlineare optische Effekte

Optischer Kerr-Effekt L

Ein sehr starkes, linear polarisiertes Lichtfeld erzeugt in einem isotropen Medium (meist Flüssigkeit) eine Anisotropie des Brechungsindex. Die Differenz der Brechungsindizes parallel und senkrecht zum Polarisationsvektor des Lichtes ist dem Quadrat der Feldstärke des Lichtes proportional. Dies wird als optischer Kerr-Effekt bezeichnet.
Die Orientierung der Moleküle im Lichtfeld hat eine Trägheit von einigen 10^{-13} Sekunden. Damit bietet sich die Möglichkeit, einen ultraschnellen Kerrverschluß zu bauen, wie er z. B. in der Picosekunden-Emissionspektroskopie benötigt wird.
(→ Nichtlineare optische Effekte)
Lit.: [42]

Optisches Mischen

→ Nichtlineare optische Effekte

Opto-akustischer Effekt (1880) O

(Photo-akustischer Effekt)

Bell, Röntgen und Tyndall fanden 1881 die Umwandlung von intensitätsmoduliertem Licht in hörbaren Schall. Dieser Photoakustische Effekt beruht auf der Absorption von intensitätsmoduliertem Licht in Gas, die zu einer Erwärmung bzw. einer Abkühlung des Gases führt. Man erhält also eine modulierte Wärmequelle im hörbaren Bereich. Der Effekt wird in der Spektroskopie verwendet (opto-akustische Methode) und in letzter Zeit in optischen Nachrichtensystemen zur direkten Wandlung von moduliertem Licht in Schall. Der Wirkungsgrad des Effektes ist äußerst klein (10^{-5}). Weitere Anwendungen sind unten aufgeführt. Manchmal wird der Effekt auch als *thermopneumatischer Effekt* bezeichnet und im *Golay-Detektor* zum Nachweis thermischer Strahlung verwendet.

Anwendungen:

Photoakustische Analysentechnik

Photoakustische Spektroskopie: Optische Spektren von oberflächennahen Bereichen einstellbarer Dicke

Photoakustische Thermoanalyse: Messung von Temperaturleitzahlen, Messung von Phasenübergängen, Mikrokalorimetrie mit hoher Ortsauflösung

Photoakustische Defektoskopie: Beobachtung von Delaminierungen und Lunkern

Photoakustische Mikroskopie: Beobachtungen von Mikrostrukturen mit Auswirkungen auf die lokale Temperaturleitzahl

BELL, Alexander Graham,
schott.-amerik. Physiker u. Taubstummenlehrer, 3. 3. 1847 – 1. 8. 1922,
seit 1873 Prof. in Boston

Phys. Unserer Zeit **9**, 46 (1978)

Bell, A. G., *Am. J. Sci.* **20**, 305 (1880)

Bell, A. G., *Philos. Mag.* **11**, 510 (1881)

Tyndal, J., *Proc., R. Soc. [London]* **31**, 307 (1881)

Röntgen, W. C., *Philos. Mag.* **11**, 308 (1881)

Lit.: Coutal, H. J., Lüscher, E.,

Optogalvanischer Effekt PI

(Optovoltaischer Effekt)

Hierunter versteht man den Einfluß von Licht (Beleuchtung des Entladungsraumes) auf die Spannung, die an einem Entladungsrohr liegt. Man kann an einem Lastwiderstand entweder Stromänderungen (opto-galvanischer Effekt) oder Spannungsänderungen (opto-voltaischer Effekt) nachweisen.

Der Effekt ist seit mehr als 50 Jahren bekannt und läßt sich mit Erfolg zur Stabilisierung der Ausgangsleistung von z. B. CO_2-Lasern verwenden.

Scholz, A. L., und Schiffner, G., *Appl. Phys.* **21**, 407 – 409 (1980)

Lit.: Smith, A. L. S., und Moffatt, S., *Opt. Commun.* **30** No. 2, 213 (1979)

Optovoltaischer Effekt

→ Optogalvanischer Effekt

Osmotische Effekte → Kolligative Effekte

Overhauser-Effekt (1953) K

Bei der magnetischen Kernresonanz in (Alkali-)Metallen läßt sich die Amplitude der Resonanz erhöhen, wenn gleichzeitig ein Hochfrequenzfeld eingestrahlt wird, dessen Frequenz gleich der Larmorfrequenz des Spins der Leitungselektronen ist. Die zweifach aufspaltenden Niveaus werden dann nicht dem thermischen Gleichgewicht entsprechend besetzt. Dadurch wird eine Gleich- oder Überbesetzung des oberen Energieniveaus erreicht. Der Übergang vom höheren Niveau hat eine Verstärkung des Kernsignals zur Folge.

Lit.: [75]

Ovshinsky-Effekte (1968) HB

Ovshinsky konnte 1967/68 zeigen, daß dotierte amorphe Halbleiter neuartige Effekte aufweisen. Er verwendete Chalkogenidgläser, die aus nichtstöchiometrischen Verbindungen der Chalkogene (S, Se, Te) mit Elementen der V. Gruppe (As und Sb) bestehen. An dünnen Schichten aus diesen Chalkogenidgläsern zeigen sich zwei Effekte, die für elektronische Bauelemente ausgenutzt werden können: *Schalt-* und *Speicher-Effekt*.

Die Strom-Spannungs-Charakteristik des Schalt-Effektes ist einer Glimmlampen-Kennlinie ähnlich. Nach Überschreiten einer kritischen Schwellenspannung erhöht sich die Leitfähigkeit sprunghaft um mehr als 5 Zehnerpotenzen vom „Aus“- zum „Ein-“Zustand. Nach Unterschreiten eines kritischen Stromwertes erfolgt der Rücksprung zum „Aus“-Zustand. Wird der

Strom im „Ein“-Zustand langsam erniedrigt, so kann der gut leitfähige Zustand auch im stromlosen Fall erhalten bleiben, und man spricht vom Speicher-Effekt.
Im „Ein“-Zustand des Schalt-Effektes fließt der Strom durch ein heißes Filament flüssigen Materials, das bei schnellem Abkühlen wieder in den amorphen „Aus“-Zustand übergeht. Bei langsamer Stromerniedrigung bleibt ein kristallines, leitfähiges Filament bestehen, und man erhält den → Memory-Effekt (Lit.: 1, 2,).
Der Schaltvorgang vom „Aus“- zum „Ein“-Zustand ist noch nicht vollständig geklärt. Es wird angenommen, daß hier neben thermischen Effekten ein durch die amorphe Struktur des Materials hervorgerufener, schneller elektronischer Prozeß vorliegt (Lit.: 3, 4).

Jäntsch, O., *Phys. Unserer Zeit* **3,** 10 (1972)
Fritsch, G., *Phys. Unserer Zeit* **5,** 120 (1974)
Mc Ginnes, J., Corry, P., und Proctor, M., *Science* **183,** 853 (1974)
1 Stocker, H. J., *J. Non-Cryst. Solids* **2,** 371 (1970)
2 Guntersdorfer, M., *J. Appl. Phys.* **42,** 2566 (1971)
3 Mott, N. F., *Contemp. Phys.* **10,** 125 (1969)
4 Haberland D. R., *Frequenz* **27,** 68 (1973)
Lit.: [91]

Paarbildungs-Effekt AQ I

Im Potentialfeld eines Kerns oder Atoms tritt bei genügend energiereicher Gammastrahlung Paarbildung auf (Elektron-Positron-Paare). Die Schwelle für diesen Prozeß ist durch die Einsteinsche Massenformel gegeben. Bei der Absorption von Gammastrahlen spielt die Paarbildung neben dem → Compton- und → Photo-Effekt für Energien > 1 MeV eine zunehmende Rolle. Der Umkehr-Effekt ist eine *Paarvernichtung,* die Zerstrahlung von Elektron und Positron zu zwei Gammaquanten. Für beide Prozesse müssen Ladung, Spin, Drehimpuls sowie Energie und Impuls erhalten bleiben.
(→ Streu-Effekte)
Lit.: [6c, 16, 17, 79, 90]

Paarvernichtung → Paarbildungseffekt

Packungs-Effekt K

Durch das Zusammenpacken von Nukleonen im Kern entsteht aufgrund der Bindungsenergie der Nukleonen gemäß der Einstein-Beziehung eine Massenverminderung, die als Packungs-Effekt bezeichnet wird.
Lit.: [72] [74]

Paramagnetische Drehung

→ Becquerel Effekt (1906)

Paschen-Back-Effekt (1912) Mo

(Übergangs-Effekt, Verwandlungs-Effekt, magnetooptische Verwandlung)
In steigenden magnetischen Feldern verwandelt sich die komplizierte Aufspaltung der Spektrallinien des anomalen → Zeeman-Effektes (magnetooptische Verwandlung) und reduziert sich bei sehr hohen Feldstärken auf das Triplett des normalen Zeeman-Effektes. Beim Paschen-Back-Effekt wird auch durch das steigende Magnetfeld die (Russel-Saunders-)Kopplung zwischen Bahndrehimpuls und Spin der Elektronen zunehmend aufgehoben. Bahndrehimpuls und Spin vollführen schließlich jeder für sich eine Larmorpräzession um die Richtung des magnetischen Feldes. Wegen der Spin-Bahn-Wechselwirkung zeigen die Linien des Tripletts eine Feinstruktur.
Der Paschen-Back-Effekt ist also nicht nur der Endzustand bei beliebig starken Feldern, sondern schließt die ganze Verwandlung des anomalen Zeeman-Effektes ein.

PASCHEN, Friedrich, dt. Physiker,
22. 1. 1865 – 25. 2. 1947,
Prof. in Tübingen u. Berlin 1924 – 1933 Präs. der Physikal.-Techn. Reichsanstalt in Berlin
BACK, Ernst, dt. Physiker,
Prof. in Hohenheim und Tübingen,
21. 10. 1881 – 20. 7. 1959

Paschen, F., und Back, E., *Ann. Phys.* **39,** 897 (1912)
Paschen, F., und Back, E., *Ann. Phys.* **40,** 960 (1913)
Lit.: [6d] [17] [60 Bd. I, Bd. II]

„peak“-Effekt S

Bei einigen harten Supraleitern (z. B. V_3Ga) zeigt die Abhängigkeit des kritischen Stomes vom äußeren Magnetfeld nahe dem kritischen Magnetfeld ein Maximum, „peak“. Man erklärt dies u. a. dadurch, daß in der Nähe des kritischen Magnetfeldes bereits normalleitende Bereiche

auftreten. Diese wirken als Haftzentren für Flußschläuche und führen zu einer Erhöhung des kritischen Stromes.
Lit.: [11]

Peltier-Effekt
→ Thermoelektrische Effekte

Peltier-Effekt des Gitters
→ Thermoelektrische Effekte

PEM-Effekt → Photo-Hall-Effekt

Penning-Effekt
Die effektive Ionisation in Gasentladungsstrekken läßt sich in einer geeigneten Anordnung – ringförmige Anode, zwei Kathoden und Magnetfeld in Richtung Symmetrieachse – erhöhen. Aufgrund der schraubenförmigen Bewegung pendeln die Elektronen zwischen den Kathoden hin und her; der Ionisationsweg der Elektronen ist damit länger, bevor sie auf die Anode treffen, was zu einer Erhöhung der Ionisation führt.
PENNING, Frans Michel, 12. 9. 1894 – ?
Lit.: Penning, F. M., *Philips Techn. Rev.* **2**, 201 (1937)

Periheldrehung, säkulare R
Den Astronomen ist seit Jahrhunderten bekannt, daß sich die Scheitelpunkte der Planetenbahnen beim Umlauf um die Sonne über lange (säkulare) Zeiten um einen kleinen Winkel verschieben; dies konnte mit der Newtonschen Mechanik nicht erklärt werden. Auch haben alle Abänderungen der Mechanik zu keinem Erfolg geführt. Aus der allgemeinen Relativitätstheorie folgt der Effekt unmittelbar. Man erhält aus der Theorie folgende Werte:

Planet	Merkur	Venus	Erde	Mars	
Winkelverschiebung	43,02″	8,6″	3,8″	1,3″	pro Jahrhundert

Ein Vergleich mit den astronomischen Daten für den Merkur ergibt einen Wert von 42,56″, den bereits U. Leverrier 1859 ermittelt hat. Die Periheldrehung ist eine der bestfundierten experimentellen Bestätigungen der allgemeinen Relativitätstheorie.
Einstein, A., *Sitz.ber. Preuss. Akad. Wiss.*, 831 (1915)
Shapiro, I. I., *Phys. Rev. Lett.* **28**, 1594 (1972)
Lit.: [6c] [10] [59]

Phonon-Drag-Effekt → Drag-Effekt

Photoakustischer Effekt
→ optoakustischer Effekt

Photo-Effekte P
Allgemein versteht man unter dem Photo-Effekt die Wechselwirkung von Photonen mit Materie. Der Photo-Effekt wird daher auf das gesamte elektromagnetische Spektrum angewandt.
Man unterscheidet Photo-Effekte mit niederenergetischen γ-Quanten (Röntgenstrahlen) (Ionisierung von Atomen/Molekülen), energiereichen γ-Quanten (innerer Photo-Effekt, Kernphoto-Effekt, Auger-Effekt), hochenergetischen γ-Quanten (Photoproduktion), UV-Licht (äußerer Photo-Effekt) und Wechselwirkung von Licht und Halbleitern (innerer Photo-Effekt, Photoleitung).

1. Äußerer Photo-Effekt
Lenard deutete die beim → Hallwachs- und → Hertz-Effekt ausgelösten Strahlen als erster als Elektronen. Er fand folgende einfache Zusammenhänge für den äußeren Photo-Effekt (*Maggi-Effekt*), deren Deutung dann A. Einstein 1905 gelang:

- Der Elektronenstrom ist der absorbierten Lichtenergie streng proportional (Hallwachs)
- Der Effekt setzt trägheitslos (10^{-11} s) in voller Stärke ein
- Die Höchstenergie der austretenden Elektronen ist eine lineare Funktion der Frequenz des Lichtes
- Die Geschwindigkeit der Photoelektronen ist unabhängig von der Lichtintensität
- Es existiert eine langwellige Grenze, die materialspezifisch ist, und ab der erst der Photo-Effekt einsetzt.

Der Zusammenhang zwischen mechanischer Energie der Elektronen, Energie des Lichtes und Austrittsarbeit wird als *Lenard-Einstein-Gleichung* bezeichnet: Die Bewegungsenergie der

Elektronen muß gleich der Differenz von Lichtenergie und Austrittsarbeit der Elektronen aus dem Material sein. Durch Verändern der Lichtenergie zu kleineren Werten findet man die langwellige Grenze, bei der keine Elektronen mehr austreten, und oberhalb der ein Photo-Effekt möglich ist. Sie ist in der Regel um so kleiner, je elektropositiver das Metall ist.
Man bezeichnet das Loslösen von Elektronen aus dem Metallgitter auch als *Normalen Photo-Effekt*. Er tritt an reinen, kompakten Metalloberflächen auf. Die Empfindlichkeit (Photostrom/einfallendes Licht) nimmt mit der Wellenlänge stetig ab.

2. Hallwachs-Effekt (1888)
(lichtelektrischer Effekt)
Hallwachs, ein Schüler von Hertz, entdeckte 1888, daß eine negativ geladene Metallplatte entladen wird, wenn man sie mit ultraviolettem Licht bestrahlt. Bei positiv geladenen Platten ergab sich kein Effekt. Die Platte muß also beim Bestrahlen Elektronen „verlieren".

HALLWACHS, Wilhelm, dt. Physiker,
9. 7. 1859 – 20. 6. 1922, Prof. in Dresden

Hertz, H., *Ann. Phys.* **31**, 983 (1887)
Hallwachs, W., *Ann. Phys.* **33**, 301 (1888)
Hallwachs, W., *Ann. Phys.* **37**, 666 (1889)
Lenard, P., *Ann. Phys.* **8**, 149 (1902)
Einstein, A., *Ann. Phys.* **17**, 132 (1905)
Millikan, R. A., *Phys. Z.* **17**, 217 (1916)
Lit.: [2, 6b, 6c, 6d, 7, 16, 17, 22, 50 Bd. II, 2.2; Bd. IV, 4]

3. Hertz-Effekt (1887)
Hertz entdeckte 1887, daß die für eine Funkenentladung notwendige Spannung herabgesetzt wird, wenn die Kathode mit ultraviolettem Licht bestrahlt wird. Der Effekt beruht auf dem → äußeren Photo-Effekt.

4. Innerer Photo-Effekt
(Photo-Volumen-Effekt, Photoleitung)
Im Gegensatz zum äußeren Photo-Effekt, der an der Oberfläche von Metallen oder Halbleitern stattfindet, wird ein im Inneren der Probe ablaufender Photo-Effekt als Photo-Volumen-Effekt oder innerer Photo-Effekt bezeichnet. Er ist vor allem bei Halbleitern von Bedeutung und ist Ursache für die Photoleitung.
Wird eine homogene Halbleiterprobe, an der eine Spannung anliegt, homogen mit Licht angeregt, so kann sich die Leitfähigkeit ändern (*Photoleitung*). Es können entweder neue Ladungsträger geschaffen werden oder ihre Beweglichkeit wird geändert.
Ist die Energie des absorbierten Lichts größer als der Bandabstand, so können freie Ladungsträger gebildet werden. Entspricht diese Ablösearbeit für die Ladungsträger der Breite der verbotenen Zone, so spricht man von Grundgitterabsorption, in allen anderen Fällen von Störstellenabsorption.
Bei der Grundgitterabsorption entstehen bewegliche Ladungsträger beider Arten, bei Störstellenabsorption nur eine Sorte.
Photo-Effekte haben vielfältige Anwendungen gefunden. Beispiele sind Photodioden, Photowiderstände, Photozellen.
Die Photo-Effekte an bzw. in Halbleitern sind im Abschnitt Photo-Effekte in Halbleitern beschrieben.

Lit.: [2, 6d, 17, 41, 46, 49] *Lehrbücher, Lexika*

5. Selektiver Photo-Effekt (1894)
(Spektraler selektiver Effekt, Vektor-Effekt)
Bei dünnen Metallschichten zeigt der Photo-Effekt eine resonanzartige Abhängigkeit von der Energie der einfallenden Photonen, wenn der Lichtvektor eine zur Kristallebene senkrechte Komponente aufweist (Vektor-Effekt). Bei frischen Alkalioberflächen findet man die Ausbildung eines spektralen Maximums der Emission.

Elster, J., und Geitel, H., *Wied. Ann.* **52**, 433 (1894)
Elster, J., und Geitel, H., *Wied. Ann.* **55**, 684 (1895)
Elster, J., und Geitel, H., *Phys. Z.* **11**, 257 (1910)
Lit.: [50, Bd. IV, 4. Teil)

Photo-Effekt bei hohen Lichtintensitäten L

Der normale (äußere) Photo-Effekt gilt für Lichtintensitäten von einigen Watt cm^{-2}. Bei Lichtintensitäten, wie sie im Fokus einer Linse auftreten können, wenn man einen Laser als Strahlungsquelle benützt, kann es zur Ionisierung von Gasen kommen, obwohl die Quantenenergie viel geringer ist als die Ionisierungsenergie. Dieser Effekt hängt in verwickelter Weise von der Wellenlänge, Gasart und Fokusdurchmesser ab. Der Effekt setzt erst ab einer kritischen Lichtintensität ein.
(→ Nichtlineare optische Effekte)

Lit.: [6d]

Photodielektrischer Effekt PH

Bei tiefen Temperaturen läßt sich an Halbleitern (ZnS, $CaWO_4$) ein photodielektrischer Effekt nachweisen, der jedoch wegen der geringen Zahl polarisierbarer Zentren äußerst klein ist.
Die Frequenz, bei der sich die Dielektrizitätskonstante ändert, hängt nur noch von der Temperatur, nicht mehr von der Anregungsdichte ab.
Der Effekt läßt sich sehr schwer nachweisen und wird durch die → Photokapazitiven Effekte überdeckt.
Lit.: [6d]

Photogalvanischer Effekt

→ Dember-Effekt

Photogalvanomagnetischer Effekt

→ Photo-Hall-Effekt

Photo-Hall-Effekt (1934) PH

(Kikoin, Noskow, Frenkel)
(PEM-Effekt, Photoelektromagnetischer Effekt, Photogalvanomagnetischer Effekt)
Wird in der Dember-Anordnung senkrecht zur Lichteinstrahlung ein Magnetfeld angelegt, so werden die ins Innere diffundierenden Elektronen und Löcher in entgegengesetzte Richtung abgelenkt. Es bildet sich daher senkrecht zum Magnetfeld und zur Lichteinstrahlung eine Potentialdifferenz aus. In einem äußeren Stromkreis kann ohne treibende Spannung ein Strom fließen *(PEM-Effekt).*
Als *Photo-Hall-Effekt* wird die Änderung der Hall-Spannung bei Belichtung des Halbleiters bezeichnet. Es handelt sich also um den Hall-Effekt am Photostrom.
Lit.: [2] [6d]

Photokapazitive Effekte PH

Wird ein Halbleiter als Dielektrikum eines Kondensators verwendet, so wird bei Belichtung eine Änderung der Kapazität gemessen. Der Effekt resultiert aus der Erzeugung von Ladungsträgern im Halbleitervolumen (innerer Photo-Effekt) durch Lichtquanten. Genauso gilt die Änderung der Kapazität einer Halbleitergrenzschicht bei Belichtung als photokapazitiver Effekt.
Lit.: [6d]

Photoleitung

→ Photo-Effekte, Innerer Photoeffekt

Photo-Lumineszenz

→ Lumineszenz-Effekte

Photon-Drag-Effekt → Drag-Effekt

Photovoltaischer Effekt

→ Sperrschichtphoto-Effekt

Photovolumen-Effekt → Photo-Effekte

Photorefraktive Effekte

Viele Materialien zeigen unter dem Einfluß intensiven Lichtes deutliche Änderungen ihrer Eigenschaften. Als photorefraktive Effekte werden die Erscheinungen zusammengefaßt, bei denen sich der Brechungsindex lokal bei Lichteinwirkung prozentual um wenige Prozente ändert. Einige Kristalle haben dann weiter die Eigenschaft, diese Änderung zu speichern. Insbesondere zeigen ferroelektrische Kristalle die Möglichkeit der photorefraktiven Speicherung. Lithium-Niobat z. B. wird schwach mit Eisen, Mangan oder Kupfer dotiert (auf einige tausend Kristallzellen ein Fremdatom). Man nimmt an, daß Eisen im Kristall zwei- und dreiwertig vorliegt. Die Photonen lösen ein Elektron des zweiwertigen Eisens ab, das sich im Leitungsband dann unter dem Einfluß äußerer Felder, Diffusion oder auch durch die Anisotropie des Kristalls bewegt. Nach einer gewissen Zeit wird es von einem dreiwertigen Eisen wieder aufgenommen. Die wandernden Elektronen erzeugen innere elektrische Felder und somit über den → elektrooptischen Effekt lokale Änderungen des Brechungsindex.
Die Änderungen verschwinden wieder nach Zeiträumen von wenigen Minuten bis Jahren. Durch thermische Behandlung läßt sich die Änderung aber dauerhaft einspeichern.
Unter Verwendung von Lasern lassen sich in diesen Kristallen → Hologramme speichern. Nach dem heutigen Stand erreicht man $10^{12}-10^{13}$ bit cm^{-3}, d. h. mehrere Größenordnungen mehr als bei heutigen Halbleiterspeichern.
Beispiele solcher photorefraktiver Kristalle sind:
Li Nb O_3: Fe (Lithiumniobat)
Li Ta O_3: Fe (Lithiumtantalat)
Lit.: Schmitt, H. J., *Phys. Unserer Zeit* **12,** 3ff. (1981)

Piezoelektrischer Effekt (1880) ET

(Piezo-Effekt)

Piezoelektrische Effekte treten in Kristallen ohne Symmetriezentrum auf. Solche Kristalle haben eine polare Achse, d. h. eine Richtung, die von der Gegenrichtung physikalisch zu unterscheiden ist. Die Effekte beruhen auf einer elektrischen Polarisation des Kristalls in einer Vorzugsrichtung unter dem Einfluß einer mechanischen Deformation (*direkter Piezo-Effekt,* Brüder Curie 1880). Der Effekt läßt sich umkehren: Beim Anlegen einer elektrischen Spannung ändert der Kristall seine Form (*inverser Piezo-Effekt,* Lippmann 1881). Der Effekt wurde an einer ganzen Reihe von Kristallen entdeckt (Seignette-Salz, Kieselzinkerz, Quarz, Zinkblende, Weinsäure, Natriumchlorat, Turmalin, Rohrzucker). Heute sind folgende Substanzen für die technische Anwendung von großer Bedeutung:

GaAs, ZnO, CdS, $LiNbO_3$, $LiTaO_3$, Quarz.

Man unterscheidet einen *Längs- Quer-* und *Scher-Effekt,* je nachdem in welcher Richtung die Kraftkomponente und die Richtung der Polarisation des Materials liegen. Dies gilt für den Piezo-Effekt und seine Umkehrung.

Der Piezo-Effekt hat vielfältige Anwendungen gefunden. Neben den klassischen Materialien ist heute ferroelektrische Keramik (Bleizirkonat-Titanat) von größter technischer Bedeutung. Der piezoelektrische Effekt ist eng mit dem pyroelektrischen Effekt und der Elektrostriktion verwandt.

(→ akustoelektrischer Effekt)

CURIE, Pierre,
fr. Physiker, 15. 5. 1859 – 19. 4. 1906
seit 1904 Prof. an der Sorbonne

CURIE, Jacques Paul, 29. 10. 1855 (Paris) – 29. 2. 1941 (Montpellier)

Curie, J. und Curie, P., *C. R.* **91,** 294 u. 3838 (1880)
Curie, J. und Curie, P., *C. R.* **92,** 186 (1881)
Curie, J. und Curie, P., *C. R.* **93,** 204 (1881)
Lippman, G., *J. Phys. Paris* 61, **10,** 391 (1881)
Pockels, F., *IV. Jahrb. Mineral.,* Beil. **7,** 224 (1890)
Guntersdorfer, M., *Phys. Unserer Zeit* (76) S. 48
Lit.: [6b, 18, 22b, 27, 34, 37, 38 Bd. VIII, 69, 72 – 78, 90 – 92]

piezo-junction-Effekt H

Ein pn-Übergang ändert unter dem Einfluß mechanischer Spannungen seine Stromspannungs-

Tabelle 9. Anwendung des Piezoelektrischen Effektes.

Direkter Piezo-Effekt	Inverser Piezo-Effekt	Kombination von direktem und inversem Piezo-Effekt
Taste	Ultraschallstrahler	Entfernungsmessung
Gaszündung	Reinigung	Elektromedizin
Tonabnehmer	Materialbearbeitung	Echolot
Mikrofon	Materialprüfung	Oberflächenwellentechnik
Kraft- und Beschleunigungsmessung	Fernsteuerung	Filter
	Justierung von Videoköpfen	Fernsprechtechnik
	Laserspiegel	Unterhaltungselektronik
	Relais	Fernsteuerung
	Schwingantrieb	Hochspannungstransformator
	Stoßantrieb	Trenntrafos
	Flüssigkeitszerstäubung	Verzögerungsleitung
	Tintendrucker	Zwischenspeicher
	Telefon-Hörer	Signalkompression
	Tongeber	Grafik-Tableau
		Präsenzdetektor
		Konzentrationsmessung von Dämpfen

charakteristik. Man kann diesen piezojunction-Effekt zum Nachweis von akustischen Signalen oder mechanischen Spannungen verwenden.
Lit.: [92]

Piezokalorischer Effekt ET

Der piezokalorische Effekt beschreibt die erzeugte Entropie, wenn an einem Kristall eine mechanische Spannung auftritt. Die Umkehrung wird als thermische Expansion bezeichnet.
Der Effekt hat keine direkten Anwendungen; er wirkt meist störend.
Lit.: Mageri, R., und Riedel, C., *Elektrie* **29**, 308 (1975)

Piezomagnetischer Effekt

Unter Piezomagnetismus faßt man die reversiblen → magnetomechanischen Effekte zusammen. Speziell versteht man darunter die Tatsache, daß ein magnetisches Wechselfeld kleiner Amplitude an einer magnetisierten Probe eine zum Feld proportionale (lineare) Gestaltsänderung hervorruft, und die Umkehrung, daß eine mechanische Schwingung in einer magnetisierten Probe eine zur Dehnung proportionale Änderung der Magnetisierung bewirkt.
Lit.: [92]

Piezo-Widerstands-Effekt

Die Änderung des elektrischen Widerstands eines Metalls oder Halbleiters unter dem Einfluß einer mechanischen Spannung wird als Piezo-Widerstands-Effekt bezeichnet. Die Ursache liegt bei Halbleitern in der Bandstruktur und bei Metallen in der Fermifläche, die durch die mechanische Spannung verformt werden, was die Leitfähigkeit verändert.
Lit.: [92]

pinch-Effekt Pl

Ein Plasma, das von einem hohen Strom durchflossen ist, zieht sich im starken Magnetfeld aufgrund des eigenen Magnetfeldes zusammen. Man unterscheidet zwei Anordnungen:

axiales Magnetfeld	–	azimuthaler Strom (θ-Pinch)
radiales Magnetfeld	–	axialer Strom (Z-Pinch)

Die Richtung des Magnetfeldes und die des Stromes wird so gewählt, daß die resultierende Kraft das Plasma zusammenzieht.
Lit: [6c]

Plasma-Effekte Pl

Als Plasma bezeichnet man einen Zustand der Materie, der durch Ionisation und Quasi-Neutralität gekennzeichnet ist: Bei genügend hoher Energiezufuhr werden die Elektronen von den Atomen abgetrennt und man erhält ionisierte Materie. Im gegebenen Volumen sind neutrale Atome, Ionen und Elektronen in bestimmter Anzahl vorhanden. Treten im untersuchten Bereich keine Raumladungen auf, so spricht man von *Quasineutralität.*
Die Energiezufuhr kann auf verschiedene Weise geschehen: Stromdurchgang durch Gase, HF-Einstrahlung, Lasereinstrahlung, schnelle Kompression von Gasen, chemische Reaktionen, Kernreaktionen.
Die Eigenschaften von Plasmen sind durch die gleichzeitige Existenz von Ladungsträgern beider Art gekennzeichnet. Hierdurch sind bestimmt: die Ausbreitung elektromagnetischer und elektrohydrodynamischer Wellen, die Transporteigenschaften wie Wärmeleitung, Viskosität, Diffusion, elektrische Leitfähigkeit; Abstrahlung von elektromagnetischer Strahlung im gesamten Frequenzbereich bis zu Röntgenstrahlen.
Plasmaphysik vereint verschiedene Sachgebiete der Physik:

Hydrodynamik		Atomphysik
Elektrodynamik	mit	Kernphysik
Thermodynamik		statistischer Mechanik.

Viele Effekte treten daher in anderem Zusammenhang auf.
→ pinch-Effekt, → Run-Away-Effekt

pn-Photo-Effekt

→ Sperrschicht-Photo-Effekt

Pockels-Effekt (1893) Eo

(Linearer elektrooptischer Effekt)
Der Pockels-Effekt ist ein linearer → elektrooptischer Effekt, der in piezoelektrischen Kristallen wie Ammoniumdihydrogenphosphat (ADP) oder Kaliumdihydrogenphosphat (KDP), die kein Symmetriezentrum haben, beobachtet wird. Das elektrische Feld wirkt dabei longitudinal. Die auftretende Doppelbrechung ist der angelegten Spannung direkt proportional. Bei einer Feldstärkeumkehr ändert sich auch das Vorzeichen der Brechungsindexänderung. Der Pockels-Effekt wird zur Modulation und zum Schalten von Riesenimpulslasern verwendet.

POCKELS, Friedrich Carl,
dt. Physiker, 1865 – 1913
Pockels, F., *Gött. Abh.* **39** (1893)
Lit.: [19, 48, 57, 76, 77]

Poisson-Effekt Stö

(Polsterwirkung)
Ein Geschoß mit Drall preßt auf der einen Seite die Luft zusammen, während auf der anderen Seite die Luft sich verdünnt. Durch die erhöhte Reibung beginnt das Geschoß auf der verdichteten Luft zu rollen. Bei Rechtsdrall rollt es auf dem sich ausbildenden Luftpolster nach rechts und umgekehrt.

POISSON, Siméon Denis,
fr. Physiker u. Mathematiker, 21. 6. 1781 – 25. 4. 1840, seit 1806 Prof. in Paris
Lit.: [75]

Pol-Effekt Eo

Hierunter versteht man die geringe Verschiebung der Wellenlänge von Spektrallinien in der Nähe der Pole eines Lichtbogens gegen die in der Mitte des Bogens emittierten Linien. Der Effekt wird erklärt durch die hohen Feldgradienten in Polnähe und durch starke elektrische Felder von Ionen in Polnähe.

Takamine, T., *Astrophys. J.* **50**, 23 (1919)
Lit.: [50 Bd. II, 2.2] [76]

Polarisations-Effekt in der Massenspektroskopie

Treffen Kathoden- oder Kanalstrahlen im Vakuum auf Metallteile, so bilden sich in der Regel an den getroffenen Stellen isolierende Schichten, die dann durch den Strahl selbst elektrisch aufgeladen werden und ihn ablenken. Dadurch sind besonders bei den ersten massenspektrographischen Arbeiten große experimentelle Schwierigkeiten aufgetreten.
Lit.: [76]

Polsterwirkung

→ Poisson-Effekt

Pomerantschuck-Effekt T

Das Helium Isotop ^{3}He hat die Eigenschaft, daß unter 0,3 K die flüssige Phase geordneter ist als die feste Phase. Daher ist auch die Entropie der Flüssigkeit kleiner als die des festen ^{3}He. Bei adiabatischer Kompression von ^{3}He muß daher die Temperatur so lange sinken, bis alles ^{3}He fest ist (Pomerantschuck-Effekt). Dieses Verfahren wird zum Erreichen von Temperaturen im Bereich 1 mK bis 30 mK mit Erfolg angewendet.
→ Onnes-Effekte, → Supraleitung, → elektro- und → magnetokalorischer Effekt

POMERANTSCHUCK, Isaak Yakovlevich,
russ. Physiker, 1913
Lit.: [6d]

Portevin-Le Chatelier-Effekt (1923) Fe

Fremdatome haben in einem Material bedeutenden Einfluß auf Form und Lage der sog. Verfestigungskurve (Schubspannung oder Spannung als Funktion der Abgleitung) und auf die Streckgrenze des Materials. Das Auftreten von Sprüngen in der glatten Kurve wird als Portevin-Le Chatelier-Effekt bezeichnet, das Ausbilden einer scharfen Streckgrenze als *Streckgrenzen-Effekt.* Beim Portevin- Le Chatelier-Effekt behindern diffundierende Punktfehler erneut eine Versetzung, die in ihrer Bewegung durch andere Hindernisse bereits gebremst worden ist. Das Wechselspiel Blockieren und Losreißen führt zu den Sprüngen im Spannungs-Abgleitungsdiagramm. Der Portevin- Le Chatelier-Effekt ist das mechanische Analogon zum → Barkhausen-Effekt.

LE CHATELIER, Henri Louis,
fr. Metallurge u. Chemiker, 1850 – 1936
PORTEVIN, Albert Marcel Germain,
fr. Metallurge u. Chemiker, 1. 10. 1880 – 1962
Portevin, A., und Le Chatelier, F., *C. R. Acad. Sci. Paris* **176**, 1, 507 (1923)
Lit.: [37] [52a] [72]

Poynting-Effekt Fe

Bei sehr langen zylindrischen Stäben kommt es unter dem Einfluß einer Torsion zu einer Längung des Zylinders (Effekt zweiter Ordnung).

POYNTING, John Henry,
engl. Physiker, 9. 9. 1852 – 30. 3. 1914, seit 1880 Prof. in Birmingham
Lit.: [74]

print-out-Effekt H

Silberhalegonidkristalle schwärzen sich bei Belichtung durch kolloidal ausfallendes Silber (print-out-Effekt). Man kann den Effekt z. B. benützen, um die Driftgeschwindigkeit der Elektronen zu bestimmen. Bestrahlt man den Kristall

mit kurzwelligem Licht, so werden nur in einer dünnen Randschicht Elektronen freigesetzt. Diese lassen sich durch ein angelegtes elektrisches Feld ins Innere des Kristalls ziehen. Sie werden infolge des print-out-Effektes sichtbar. Aus der Dauer der Spannung und dem zurückgelegten Weg kann die Driftgeschwindigkeit ermittelt werden.
Lit.: [22d]

Proximity-Effekt S

(Kopplungs-Effekt)
Grenzt an einen Supraleiter eine normalleitende Schicht, so findet man auch in dieser Cooper-Paare in geringer Anzahl, da sich die Ordnungsparameter an der Grenzschicht stetig ändern müssen.
Allgemeiner werden alle Erscheinungen so bezeichnet, die auftreten, wenn die angrenzende Schicht ferromagnetisch und metallisch leitend, oder ferromagnetisch und isolierend oder ferroelektrisch und isolierend ist.
Beim Proximity-Effekt ändert sich die Sprungtemperatur des Supraleiters.
Lit.: [75]

Pyroelektrischer Effekt ET

(Pyro-Effekt)
Ferroelektrische Kristalle zeigen bei schnellen Temperaturänderungen elektrische Oberflächenladungen beider Vorzeichen. Das bedeutet, daß die spontane Polarisation des Materials stark temperaturabhängig ist. Jedes Ferroelektrikum ist zugleich pyroelektrisch und piezoelektrisch. Das Umgekehrte gilt nicht: Quarz (piezoelektrisch) ist weder pyroelektrisch noch ferroelektrisch. Es werden z. B. $LiTaO_3$, Triglyzinsulfat, ferroelektrische Keramiken oder Poly-Vinylidenfluoritfolien benützt.
Der Effekt wirkt störend bei der Anwendung des elektrischen Piezo-Effektes. Er wird zum Erfassen und Messen von Wärmestrahlung im Bereich von 1 μm bis 40 μm angewendet, wobei dann der gleichzeitig auftretende piezoelektrische Effekt stört. Weiter wird er für Infrarotbildwandler ausgenützt.
Die Umkehrung des pyroelektrischen Effektes ist der *Elektrokalorische Effekt*.
Legt man z. B. an Turmalin ein elektrisches Feld, so beobachtet man eine Temperaturänderung des Kristalls.
Lit.: [6b, 50 Bd. IV, 1, 69, 74, 75]

Quadratischer Doppler-Effekt

→ Optischer Doppler-Effekt

Quer-Effekt

→ Piezoelektrischer Effekt, → Zeeman-Effekt

Radiofrequenz-Effekt

→ Size-Effekte

Radiometer-Effekt (1825) TK

Zwischen verschieden warmen Oberflächen entsteht im schwachen Vakuum ein Druckunterschied durch die unterschiedliche Impulsübertragung der auf die Oberflächen auftreffenden Gasmoleküle. Man verwendet den Effekt zum Nachweis von Wärmestrahlung. Bekannt ist die Verwendung als Lichtmühle.
Entdeckt wurde der Effekt 1825 durch Fresnel, der beobachtete, daß ein im Vakuum aufgehängter Körper bei Bestrahlung mit Licht zurückweicht. Crookes untersuchte den Effekt genauer und konstruierte die Lichtmühle. Bei der Lichtmühle werden im Vakuum ($10^{-5}-10^{-6}$ bar) vier Glasplättchen, deren eine Seite geschwärzt wird, drehbar aufgehängt: Die geschwärzten Flächen weichen von der Strahlung zurück.

Fresnel, A., *Ann. Chim. Phys.* 29, 57, 107 (1825)
Crookes, W., *Philos. Trans. R. Soc. London* **164,** 501 (1874)
Crookes, W., *Philos. Trans. R. Soc. London* **170,** 132 (1880)
Crookes, W., *Philos. Trans. R. Soc. London* **166,** 380 (1876)
Hettner, O., *Ergeb. Exakten Naturwiss.* **7** (1928)
Lit.: [50 Bd. III, 2]

Raman-Effekt

→ Raman-Smekal-Effekt

Raman-Smekal-Effekt (1928) Str

(Raman-Effekt)
Wird monochromatisches Licht an Atomen oder Molekülen gestreut, so treten in der Streustrahlung charakteristische Frequenzen auf, die nicht mit den Energieniveaus in Resonanz sein müssen. Man findet, daß die Differenz zwischen primärem und gestreutem Licht unabhängig vom eingestrahlten primären Licht ist. Weiter zeigt sich, daß diese Differenz den ultraroten Eigenschwingungen des streuenden Mediums ent-

spricht. Die Frequenzen auf der längerwelligen Seite der Primärlinie werden als *Stokes-*, die auf der kurzwelligen Seite als *Anti-Stokes-Linien* bezeichnet. Es handelt sich beim Raman-Effekt um die unelastische Streuung von Photonen an Materie.
Der Effekt wurde 1923 von Smekal vorausgesagt und 1928 von Raman und fast gleichzeitig von G. Landsberg und L. Mandelstam gefunden.
Elektromagnetische Wellen rufen im Material eine Polarisierung hervor, die von den Verschiebungen der Elektronen der Atome abhängt. Die Reihenentwicklung der Polarisation nach den Verschiebungen liefert verschiedene Effekte.
Beim Raman-Effekt erster Ordnung ist am Prozeß ein Photon beteiligt, im Prozeß zweiter Ordnung sind zwei Photonen notwendig.
Die Raman-Spektroskopie an Atomen und Molekülen liefert ein Verständnis der Bindungskräfte sowie der komplizierten Molekülspektren. Der Raman-Effekt an Rotations- und Schwingungsbanden wird als *Rotations-* bzw. *Schwingungs-Raman-Effekt* bezeichnet.
Beim normalen Raman-Effekt findet man keine Winkelabhängigkeit. Bei der Verwendung von intensiven Lasern findet man eine Vorwärtsstreuung, wobei Stokes- und Anti-Stokes-Linien mit großer Intensität beobachtbar werden. Dies wird als *induzierte Raman-Streuung* bezeichnet. Man verwendet den Effekt u. a. zum Nachweis von Schadstoffen in der Atmosphäre.
Resonanz-Raman-Effekt:
Beobachtet man das Verhalten der Streustrahlung bei Anregung nahe an einer Absorptionsbande, so findet man auch hier Ramanlinien, deren Intensität zunimmt, je näher man an die Absorptionslinie herankommt. Dies wird als Resonanz-Raman-Effekt bezeichnet.

RAMAN, Sir Chandrasekhara Venkata,
ind. Physiker, 7. 11. 1888 – 21. 11. 1970,
Prof. in Kalkutta u. Bangalore.
SMEKAL, Adolph Gustav Stephan,
östr. Physiker, 12. 9. 1895 – 7. 3. 1959,
Prof. in Wien, Halle, Darmstadt u. Graz.
LANDSBERG, Grigorij Samuilovič,
12. 1. 1890 – 2. 2. 1957
MANDELSTAM, Leonid, Isaakovič,
russ. Physiker, 4. 5. 1879 – 27. 11. 1944

Raman, C.V., *Indian Phys.* **2**, 387 (1928)
Raman, C. V., und Krishnan, K. S., *Nature* **21**, 501, (1928)
Smekal, A., *Naturwissenschaften* **11**, 873 (1923)
Kramers, H. A., und Heisenberg W., *Z. Phys.* **31**, 81 (1925)
Lit.: [6c] [9] [27] [50 Bd. II, 2.2]

Ramsauer-Effekt (1920) AQ II

Gegenüber langsamen Elektronen zeigen die Wirkungsquerschnitte von Atomen eine Anomalie, die darin besteht, daß der Wirkungsquerschnitt als Funktion der Geschwindigkeit der Elektronen unterhalb von 1 eV sehr kleine Werte annimmt. Man kann den Effekt wie zuerst W. Elsasser als quantenmechanische Streuung von Elektronen an den Hüllenelektronen erklären. (Ein analoger Effekt tritt auch bei der Streuung von Neutronen an Atomen auf). Die de Broglie-Wellenlänge der langsamen Elektronen hat die gleiche Größenordnung wie das Atom. Bei gleicher Größenordnung von Wellenlänge und Hindernis treten Beugungs- und Streu-Effekte besonders deutlich auf.

RAMSAUER, Carl Wilhelm,
dt. Physiker, 6. 2. 1879 – 24. 12. 1955,
Prof. in Heidelberg, Danzig u. Berlin
ELSASSER, Walter
dt.-am. Phys., 20. 3. 1904

Ramsauer, C. W., *Phys. Z.* **21**, 576 (1920)
Ramsauer, C. W., *Phys. Z.* **22**, 613 (1921)
Ramsauer, C. W., *Phys.Z.* **28**, 7 (1927)
Ramsauer, C. W., *Ann. Phys.* **72**, 8 (1923)
Elsasser, W., *Naturwiss.* **13**, 711 (1925)
Lit.: [50 Bd. IV, 3] [75]

Rand-Effekt

→ Gravitative Frequenzverschiebung

Ranque-Effekt Stö

Wird in ein Rohr von wenigen Millimetern lichter Weite Luft mit einem Druck von einigen Atmosphären durch eine Düse tangential eingeblasen, so wird ein koaxialer Gaswirbel entfacht, dessen Mantel warm und dessen Kern kalt ist. Beim Eintritt in das Rohr kühlt sich die Luft zunächst ab (→ Joule-Thomson-Effekt). Der sich ausbildende Gaswirbel hat am Rohrrand eine kleinere Geschwindigkeit als auf der Achse. Entlang des Rohres gleichen sich die Geschwindigkeiten aneinander an. Dies hat eine Erwärmung der Randzone und eine Abkühlung des Kernes zur Folge. Es lassen sich Temperaturunterschiede von einigen 100 K nachweisen.

Wesentlich ist, daß die Gasströmung *kompressibel* ist, d. h. die Geschwindigkeit ist nahe oder über der Schallgeschwindigkeit.
Anwendung: Das *Ranque-Hilsch-Rohr* ermöglicht die Separation eines Gasstrahles in einen heißen und kalten Anteil.

Hilsch, R., *Z. Naturforsch.* **1**, 208 (1946)

Lit.: [76]

Rausch-Effekt → Schrot-Effekt

Raumladungs-Effekt

Ursache ist die negative Ladung der Elektronen. Sie beeinflußt durch ihre einander abstoßenden Kräfte den Bewegungsablauf der Elektronen in Elektronenströmungen. So bewirkt die Raumladung das Divergieren von fokussierten Elektronenstrahlen. Auch wirkt die Raumladung auf die räumliche Verteilung eines anliegenden elektrischen Feldes zurück (Poisson-Gleichung). Auf der Raumladung beruht auch das Auftreten einer virtuellen Kathode in einer Elektronenröhre.

Rayleigh-Streuung (1900) Str

Im Gegensatz zur Mie-Streuung ist bei der Rayleigh-Streuung der Radius der streuenden dieletrischen Teilchen sehr klein gegen die Wellenlänge des Lichtes. Die Rayleigh-Streuung ist umgekehrt proportional zur vierten Potenz der Wellenlänge und liefert eine Erklärung des Himmelsblaus. Beobachtet man senkrecht zur Richtung des Lichtstrahles, so ist das Streulicht linear polarisiert. Wird der Durchmesser der Teilchen größer, so muß man die Rayleigh-Streuung durch die Mie-Streuung (→ Mie-Effekt) ersetzen. Die Rayleigh-Streuung ist eng mit dem → Tyndall-Effekt verwandt.
(→ Streu-Effekte)

RAYLEIGH, Lord, John William Strutt, 3. Baron R., engl. Physiker, 12. 11. 1842 – 30. 6. 1919, 1879 – 1884 Prof. in
Cambridge, ab 1887 in London

Lit.: [6c, 38 Bd. II, Bd. VIII, 57, 74, 76, 90, 93]

Rehbinder-Effekt (1972) Fe

Durch oberflächenaktive Schichten kann die Festigkeit und Zähigkeit eines Materials erniedrigt werden.

Rehbinder, P. A., und Shuchkin, E.D., *Prog. Surf. Scie.* **3**, 97 (1972)

Lit.: [52a]

Relaxations-Effekte A

(Nachwirkungs-Effekte, Hysterese-Effekte)
Unter dem Begriff Relaxation faßt man die Nachwirkungserscheinungen zusammen: Ein Körper reagiert auf die Änderung äußerer einwirkender Kräfte nicht momentan, sondern zeitlich verzögert *(Relaxationszeit).* Er nähert sich dem neuen inneren Gleichgewichtszustand nur asymptotisch, wobei die betrachtete Zustandsgröße sich in der Regel nach einem Exponentialgesetz ändert.
Ein Material zeigt z. B. ein anelastisches Verhalten, wenn auftretende Spannungen und Verzerrungen zeitabhängig werden. Außerdem ist das Auftreten einer Hysterese bei Wechselbeanspruchung des Materials charakteristisch. Die Relaxation spielt eine wichtige Rolle bei Festigkeits-Effekten sowie bei vielen elektrischen, magnetischen, optischen, Laser- sowie atom- und kernphysikalischen Effekten.
→ Barkhausen-Effekt, → Portevin-Le Chatelier-Effekt, → magnetische Nachwirkungseffekte.

Lit.: [37] [76]

Renninger Effekt (1937) F

(Umweganregung)
Bei der Analyse von Kristallen mit Röntgenstrahlen oder Neutronen kann ein starker abgebeugter Strahl wie ein Primärstrahl wirken. Dies wird als Renniger-Effekt oder Umweganregung bezeichnet. Es können z. B. normalerweise verbotene Reflexe auftreten. Der Effekt erscheint vor allem bei der Analyse von dicken Kristallen. Bei dünnen Kristallen kann man ihn vernachlässigen. Er tritt jedoch immer auf bei der Elektronenbeugung.
Um zu entscheiden, ob Umweganregung vorliegt, wird der Kristall so gedreht, daß die Braggsche Bedingung immer erfüllt ist. Hängt die Intensität der abgebeugten Strahlen vom Drehwinkel ab, so liegt Umweganregung vor.

RENNINGER, Moritz Karl,
dt. Physiker, 8. 6. 1905

Renninger, M., *Z. Phys.* **106**, 141 ff. (1937)

Lit.: [25]

Resonanzabsorption

→ Mößbauer-Effekt

Resonanz-Raman-Effekt

→ Raman-Smekal-Effekt

Resonanz-Streuung → Streu-Effekte

Richardson-Effekt (1911) **EM**

(glühelektrischer Effekt, Edison-Effekt 1879)
Edison-Effekt ist die amerikanische Bezeichnung für den Richardson-Effekt. Man versteht hierunter die Emission von Elektronen aus erhitzten Metallen. Edison benützte heiße metallene Drähte im Vakuum zur Lichterzeugung, ein bis heute übliches Verfahren.

Der Effekt hat eine weite Verwendung in Elektronenröhren gefunden, um freie Elektronen zu erzeugen. Erst ab einer bestimmten Temperatur, die einer genau definierten, materialspezifischen Austrittsarbeit entspricht, kommt es zur Emission von Elektronen. Der aus dem Richardson-Effekt gewonnene Wert für die Austrittsarbeit ist mit dem aus dem *äußeren Photo-Effekt* ermittelten identisch. Bei normalen Temperaturen ist der Austritt von Elektronen aus energetischen Gründen nicht möglich. Das Gesetz, das die Temperaturabhängigkeit der Elektronenemission regelt, wird als *Richardson-Gesetz* bezeichnet. Man kann es aus der Temperaturabhängigkeit der Fermiflächen der Elektronen ableiten.

→ Abkühlungseffekt

RICHARDSON, Sir Owen Williams,
engl. Physiker, 26. 4. 1879 – 15. 2. 1959,
seit 1906 Prof. in Princeton (N. J.), ab 1914 in London

EDISON, Thomas Alva,
amerik. Erfinder u. Industrieller,
11. 2. 1847 – 8. 10. 1931

Richardson, O. W., *Philos. Trans. R. Soc London Ser A* **101**, 497 (1903)
Richardson, O. W., *Philos. Mag.* **23**, 594 (1912)
Richardson, O. W.. *Philos. Mag.* **27**, 476 (1914)
Lit.: [16, 50 Bd. IV, 4, 84 Bd. IV]

Richardson-Barnett-Effekt
→ Barnett-Effekt

Richt-Effekt → Dipol-Effekt

Richternachwirkung
→ magnetische Nachwirkungs-Effekte

Riehl-Effekt **Lu**

Werden Luminophore, die zur Gruppe der Rekombinationsleuchtstoffe (z. B. ZnS, CdS u. ä.) gehören, mit steigender Bestrahlungsstärke (z. B. im UV-Spektralbereich) angeregt, so nimmt ihre Lumineszenzstrahlungsausbeute zu; die Temperaturauslöschung wird zugleich nach höherer Temperatur verschoben. Die Ursache dafür liegt in der Tatsache, daß bei diesen Leuchtstoffen die strahlende Rekombination mit dem Quadrat der Anzahl der durch die Anregung geschaffenen Ladungsträger (Reaktion 2. Ordnung), die strahlungslose über Haftterme dagegen nur linear (Reaktion 1. Ordnung) ansteigt.

RIEHL, Nikolaus, dt. Physiker,
24. 5. 1901 (Petersburg), seit 1957 in München
Lit.: [78]

Righi-Leduc-Effekt
→ Thermomagnetische Effekte

2. Righi-Leduc-Effekt
→ Thermomagnetische Effekte
→ Maggi-Righi-Effekt

Röntgen-Eichenwald-Versuch **EM**
(1888)

Mit diesem Versuch konnte Röntgen 1888 nachweisen, daß Polarisationsladungen die gleichen magnetischen Wirkungen hervorrufen wie ein entsprechender Leistungsstrom. Dazu ließ er in einem geladenen Kondensator ein Dielektrikum rotieren. Der durch die Bewegung von Polarisationsladungen hervorgerufene Strom wird nach Lorentz als *Röntgenstrom* bezeichnet. Er ist vom Rowland-Strom (→ Rowland-Effekt) zu unterscheiden. Um diesen zu kompensieren, ließ Eichenwald die ganze Anordnung rotieren.
Röntgen- und Rowland-Strom ergeben sich aus der relativistischen Elektrodynamik ebenso wie die mit ihnen verbundenen Effekte.

RÖNTGEN, Wilhelm Conrad, dt. Physiker,
27. 3. 1845 – 10. 2. 1923,
seit 1875 Prof. in Hohenheim, 1876 in Straßburg, 1879 in Gießen, 1888 in Würzburg, 1899 in München

EICHENWALD, Alexander, russ. Physiker,
23. 12. 1863 – 1944, Petersburg – Milano

Röntgen, W. C., *Berl. Sitzungsber.* 195 (1885)
Röntgen, W. C., *Ann. Phys.* **35**, 264 (1888)
Eichenwald, A., *Ann. Phys.* **11**, 1; 241 (1903)
Lit.: [61 Bd. III]

Röntgenstrom
→ Röntgen-Eichenwald-Versuch

Rotationsmagnetismus
→ Aragoscher Versuch

Rotverschiebung As
Die Spektren vieler kosmischer Objekte zeigen eine Rotverschiebung der Spektrallinien, die normalerweise durch den → optischen Doppler-Effekt erklärt werden (Objekt entfernt sich von der Erde).
Beim Vergleich der Helligkeit von zwei Objekten gibt es folgende Möglichkeiten: Befindet sich eines der beiden in Ruhe, so wird das bewegte die geringere Helligkeit haben, wenn es sich von uns entfernt, da pro Zeit weniger Lichtquanten bei uns eintreffen. Dies wird als *Anzahl- oder Verdünnungs-Effekt* bezeichnet. Aufgrund des Doppler-Effektes wird die Frequenz des Lichtes und damit die Energie der Quanten geringer. Dies wird als *Energie-Effekt* bezeichnet.
Eine weitere Rotverschiebung ergibt sich, wenn Lichtquanten das Schwerefeld eines massereichen Sternes passieren *(relativistische Rotverschiebung).*
(→ Gravitative Frequenzverschiebung)
Lit.: [76]

Rowland-Effekt (1878) EM
Wird eine geladene, kreisförmige Kondensatorscheibe gedreht, so entstehen Konvektionsströme (Rowlandstrom), die Rowland mit Hilfe einer Magnetnadel nachwies. Die Wirkung der Konvektionsströme ist mit denen der Leitungsströme, die in gleicher Zeit die gleiche Ladungsmenge transportieren, identisch.
(→ Aragoscher-Versuch,
Röntgen-Eichenwald-Versuch)
ROWLAND, Henry Augustus, amerik. Physiker, 27. 11. 1848 – 16. 4. 1901,
seit 1875 Prof. in Baltimore
Rowland, H. A., *Philos. Mag.* 1889, 445 – 460
Lit.: [40 Bd. I, 50 Bd. IV, 1; 55, 61 Bd. III, 76]

Rowlandstrom → Rowland-Effekt

Run-Away-Effekt Pl
Fließt in einem Plasma ein elektrischer Strom, so heizt sich das Plasma aufgrund der Jouleschen Wärme auf. Die Leitfähigkeit des Plasmas ist $T^{3/2}$ proportional. Dies gilt nur, wenn die Elektronen im höher energetischen Teil der Maxwellverteilung keinen Einfluß auf die Leitfähigkeit haben. Diese Elektronen werden als run-away-Elektronen bezeichnet.
Lit.: [84]

Rutherfordstreuung
→ Streuung von Teilchen

Sagnac-Effekt (1913) O
In einer Anordnung, in der zwei kohärente Lichtstrahlen eine Fläche gegensinnig umlaufen, entstehen bei der Überlagerung Interferenzstreifen. Läßt man die ganze Anordnung um eine Achse senkrecht zur Fläche rotieren, so verschieben sich die Interferenzstreifen. Aus der Verschiebung kann man Rückschlüsse auf den Rotationszustand der Anordnung in bezug auf ein Inertialsystem ziehen. Man versucht, den Effekt unter Verwendung von Lasern als Ersatz für Kreisel zu benutzen.
→ Fizeau-Effekt
SAGNAC, Georges, Marc, Marie, fr. Physiker, 1869 – 26. 2. 1928
Post, E. J., *Rev. Mod. Phys.* **39** (2), 475 (1967)
Sagnac, G., *C. R.* **157**, 708, 1410 (1913)
Sagnac, G., *J. Phys. Radium (5. Ser.),* **4**, 177 (1914)
Schiffner, G., *Siemens Forschungs- und Entwicklungsberichte* Bd. 9 Nr. 1, 16 – 25 (1980)
Lit.: [40 Bd. I] [33]

Sättigungsmagnetostriktion
→ Magnetostriktion

Schadt-Helfrich-Effekt
→ Flüssigkristall-Effekt

Schalt-Effekte → Ovshinsky-Effekt

Scher-Effekt → Piezoelektrischer Effekt

Schoch-Effekt (1950) Me
Dem → Goos-Hähnchen-Effekt der Optik entspricht ein akustischer Effekt: Bei der Totalreflexion akustischer Wellen am System Wasser/Aluminium bzw. Xylen/Aluminium konnte Schoch eine Strahlversetzung der benützten Ultraschallwellen nachweisen. Bei 16 MHz ergab sich eine Verschiebung von 2,7 mm, bei 5,5 MHz fast 12 mm bei einem Ultraschallstrahldurchmesser von 12 mm.
SCHOCH, Arnold, 1911 – 23. 7. 1967

Schoch, A., *Ergeb. Exakten Naturwiss.* **23,** 127 (1950)
Lit.: Lotsch, H. K. V., *Optik* **32,** 299–319 (1971)

Schottky-Effekt (1935) F

Das Abwandern von positiven und negativen Ionen von ihren Gitterplätzen im Kristall und ihre Anlagerung an der Oberfläche des Kristalls wird manchmal als Schottky-Effekt bezeichnet, die zurückbleibenden Leerstellen als *Schottky-Defekte.* Die Zahl der Defekte nimmt mit der Temperatur ab, jedoch wird die ideale Gitterstruktur bei tiefen Temperaturen nicht erreicht, die Defekte werden eingefroren.

SCHOTTKY, Walter, dt. Physiker,
23. 7. 1886–4. 3. 1976,
ab 1923 Prof. in Rostock, seit 1927 bei Siemens & Halske
Lit.: [50 Bd. IV, 4] [75]

Schottky-Effekt H

In Halbleitern kann es bei sehr hohen Feldstärken an Grenzflächen, wie steilen pn-Übergängen, zu einer inneren Feldemission kommen.
(→ Avalanche-Effekt, → Tunnel-Effekt → Zener-Effekt, → Schrot-Effekt)

Schottky-Effekt HB

→ Gleichrichter-Effekt

Schpolski-Effekt (1952) AQ II

Bei einer bestimmten Klasse von Molekülen besteht die Möglichkeit, sehr schmale Fluoreszenzlinien zu beobachten, wenn die Moleküle bei tiefen Temperaturen „eingefroren" werden. Dabei wird die thermische Bewegung der Moleküle verringert. Die Doppler- und Stoßverbreiterung der Linie verschwindet und man erhält die natürliche Linienbreite. Dies wird als Schpolski-Effekt bezeichnet und läßt sich mit Erfolg zum selektiven Nachweis von aromatischen Kohlenwasserstoffen verwenden. Hierzu werden die Moleküle mit dem monochromatischen Licht eines Lasers angeregt und die schmalbandige Fluoreszenz beobachtet.

Schpolski, E. B. et al; *Dokl. Akad. Nauk SSSR,* **87,** 935 (1952)
Lit.: [42]

Schrot-Effekt

(Schottky-Effekt, Tunnel-Effekt, Rausch-Effekt, Schwankungs-Effekt, Johnson-Effekt, small-shot-effect)
Hierunter versteht man statische Schwankungen des Elektronenstroms im Vakuum. Er tritt um so stärker hervor, je kleiner die Anzahl der Elektronen im betrachteten Strom ist. Die im „Schrot" vorkommenden Frequenzen für die Schwankung umfassen theoretisch das gesamte Frequenzband von Null bis Unendlich. Dabei ist die im Schrot enthaltene Energie gleichmäßig über das ganze Frequenzband verteilt.
→ Abkühlungseffekt

Schottky, W., *Ann. Phys.* **57,** 541 (1918)
Schottky, W., *Ann. Phys.* **68,** 157 (1922)
Schottky, W., *Phys. Rev.* **28,** 84 (1926)
Johnson, J. B., *Phys. Rev.* **26,** 71 (1925)
Johnson, J. B., *Phys. Rev.* **32,** 97 (1928)
Lit.: *Lexika* [50 Bd. IV, 4]

Schwankungs-Effekte → Schrot-Effekt

Seebeck-Effekt

→ Thermoelektrische Effekte

Selbsterregung → Dynamisches Prinzip

Selbstfokussierung (1962) L

Im Resonator eines Lasers können so hohe Lichtleistungen auftreten, daß der Brechungsindex des aktiven Materials verändert wird und man eine Fokussierung der Strahlung im Material erhält, was zur teilweisen Zerstörung führen kann. Dieser Effekt wird als Selbstfokussierung bezeichnet und tritt auch außerhalb des Resonators auf, wenn die Leistungsflußdichte genügend hoch ist.
Er wird hervorgerufen durch den nichtlinearen Anteil der elektrischen Polarisation des Mediums. Diese hat eine nichtlineare Dispersionsbeziehung zur Folge mit der Eigenschaft, daß die Wellen gegenüber longitudinalen Störungen unstabil werden und stabil bleiben bei transversalen Störungen. Die Theorie dieser Effekte ist äußerst kompliziert. Die Wellenfront nimmt im Material eine konkave Form an, die dann zur Selbstfokussierung führt.
(→ Nichtlineare optische Effekte)

Askaryan, *Zh. Eksp. Teor. Fiz.* **42,** 1567 (1962)
Lighthill, M. J., *J. Inst. Math. Its Appl.* **1,** 269 (1965)
Lit.: [32]

Shapiro-Experimente (1967) R

Shapiro benützte die Radiostrahlung der Quasare 3 C 273 und 3 C 279, um die *Lichtablenkung* durch das Gravitationsfeld der Sonne auch im Radiobereich nachzuweisen. Wegen der hohen Genauigkeit, mit der die Radioastromie heute messen kann, erhält man einen Ablenkwert mit kleinen Meßfehlern. Der Mittelwert liegt sehr dicht beim theoretischen Wert. (Das Verhältnis Meßwert/theoretischer Wert ist z. B. 1,04 ± 0,15; 0,99 ± 0,12 usw.)
(→ Lichtablenkung)
Lit.: [59]

Shapiro-Experimente (1964, 1968) R

Bei diesem Experiment handelt es sich um eine Laufzeitmessung mit Hilfe der Radarechomethode an der Venus: Man mißt die Laufzeit Erde-Venus-Erde und vergleicht diesen Wert mit der theoretischen Vorhersage. Aus der Allgemeinen Relativitätstheorie folgt eine um 10^{-4} s. größere Laufzeit als aus der Newtonschen Theorie. Die Experimente ergeben z. Zt. eine Genauigkeit von 5% und stimmen mit der Theorie Einsteins überein.
Shapiro, *Phys. Rev. Lett.* **13,** 789 (1964)
Shapiro, *Phys-Rev. Lett.* **20,** 1265 (1968)
Shapiro, *Phys. Rev. Lett.* **26,** 1132 (1971)
Lit.: [59]

Shubnikov-De Haas-Effekt F

Bei Einkristallen kommt es bei tiefen Temperaturen zu ausgeprägten Oszillationen des elektrischen Widerstandes (der statischen Leitfähigkeit), wenn sich der Kristall in einem starken Magnetfeld befindet. Die Oszillationen sind vom selben Typus wie beim → de Haas-van-Alphen-Effekt.
SHUBNIKOV, Aleksei, Vaselevich, 29. 3. 1887
Lit.: [1]

Size-Effekte (1958, 1962) F

(Größen-Effekte)
Hierunter versteht man alle von der Größe und Gestalt von kleinen Festkörpern abhängige Effekte, z. B. die Abhängigkeit des elektrischen Widerstandes von der Probendicke. Quantenmechanische Effekte treten auf, wenn die de Broglie-Wellenlänge der Elektronen die gleiche Größenordnung haben wie die Probenabmessungen. Weitere Effekte beobachtet man, wenn die freie Weglänge der Elektronen merkbar größer ist als die Probengröße.
Beim *Gantmacher-* oder *Radiofrequenz-Size-Effekt* hat man ähnliche experimentelle Bedingungen wie beim → Azbel-Kaner-Effekt, und man mißt Oszillationen von Absorption und Reflexion, bzw. die Oberflächenimpedanz von dünnen Metallschichten im MHz-Bereich in Abhängigkeit vom homogenen Magnetfeld und der Temperatur.
Man erhält Aussagen über die Fermifläche des untersuchten Materials.
Gantmacher, W. F., *SETF* **43,** 345 (1962)
Kaner, E. A., *Dokl. Akad. Nauk SSSR* **119,** 471 (1958)
Lit.: [1] [75]

Skin-Effekt → Haut-Effekt

small-shot-effect → Schrot-Effekt

Smoluchowski-Effekt (1911) TK

Die Wärmeleitfähigkeit eines Gases ist normalerweise unabhängig vom Druck. Ist die freie Weglänge der Moleküle in der Größenordnung der Gefäßdimensionen, so nimmt die Wärmeleitfähigkeit mit abnehmendem Druck ab. Füllt man das Gefäß mit äußerst feinem Pulver, so beobachtet man auch bei Normaldruck eine Verminderung der Wärmeleitfähigkeit, was als Smoluchowski-Effekt bezeichnet und zur Herstellung gut wärmeisolierter Behälter, ähnlich dem Dewar-Gefäß, verwendet wird.
SMOLUCHOWSKI, Maryan (Marian), Ritter v. Smolan, östr.-poln. Physiker, 28. 5. 1872 – 5. 9. 1917
Smoluchowski, M., *Ann. Phys.* **35,** 22 (1911)
Lit. [72]

Snoek-Effekt (1963, 1941) Fe

Geringe Mengen von Kohlenstoff haben einen starken Einfluß auf die plastischen Eigenschaften von Eisen. Als Snoek-Effekt wird die bevorzugte Besetzung von Plätzen auf einer der drei Kanten im Würfelgitter des Eisens durch den Kohlenstoff bezeichnet. Allgemein wird heute die innere Reibung, die durch die Besetzung von

Zwischengitterplätzen in kubischraumzentrierten Kristallen durch Fremdatome, wie C, O, N ausgelöst wird, als Snoek-Effekt bezeichnet. Die Besetzung führt zu einer lokalen Symmetrieerniedrigung. Unter mechanischer Spannung wird die Entartung wieder aufgehoben, was mit einem Energieverlust, d. h. Anregung von Wärmeschwingungen, verbunden ist.

Snoek, J. L., *Physica* **5,** 663 (1938)
Snoek, J. L., *Physica* **6,** 591 (1939)
Snoek, J. L., *Physica* **8,** 711 (1941)
Lit.: [37]

Sondheimer-Effekt (1950) F

Wenn Mikrowellenfeld und Magnetfeld einen Winkel bilden (also anders als beim → Azbel-Kaner-Effekt) kommt es zu nichtresonanten Größen-(→ Size-)Effekten. Beim Sondheimer-Effekt bewegen sich die Elektronen auf Kreisbahnen, deren Achse einen Winkel zur Oberfläche der Probe bildet. Man erhält eine Korrektur der statischen Leitfähigkeit des Metalls. Der Effekt bietet außerdem die Möglichkeit, die Krümmung der Fermi-Fläche des Metalls in den Grenzpunkten zu ermitteln. Zusammen mit dem Azbel-Kaner-Effekt kann man die Fermigeschwindigkeit in Grenzpunkten bestimmen. Durch Änderung der Magnetfeldorientierung gelingt dies fast auf der ganzen Fermi-Fläche.

SONDHEIMER, Ernst, Helmut,
dt. Physiker, 8. 8. 1923
Sondheimer, E., *Phys. Rev.* **80,** 401 (1950)
Lit.: [1]

Spannungs-Effekt

→ Wien-Effekt

Spannungsdoppelbrechung

→ Doppelbrechung

Speicher-Effekt → Flüssigkristall-Effekte

Spektraler selektiver Photo-Effekt

→ Photo-Effekt

Sperr- bzw. Sperrschicht-Effekt

→ Gleichrichter-Effekt

Sperrschicht-Photo-Effekt PH

(Adams, Day 1876, Grondahl 1926, Lange, Schottky 1930)
(Photovoltaischer Effekt, pn-Photo-Effekt)
Hierbei handelt es sich im Prinzip um Effekte, die in Photohalbleitern bei Belichtung auftreten. Die entstehenden Elektronen und Löcher in der Sperrschicht eines pn-Überganges werden aufgrund eines inneren Feldes getrennt. Man unterscheidet den *transversalen* und den *longitudinalen pn-Photo-Effekt,* je nachdem aus welcher Richtung Licht auf den Halbleiter eingestrahlt wird. Bei transversaler Lichteinstrahlung bei einem pn-Übergang wird die Kennlinie der Diode als Ganzes verschoben, während der Photostrom linear von der Intensität abhängt. Weiter ergibt sich, daß die Photodiode bei transversaler Einstrahlung nur in einem schmalen Bereich lichtempfindlich ist. Bei longitudinaler Lichteinstrahlung vermeidet man diesen Nachteil.

Die bestrahlte Sperrschicht wirkt als Strom- und Spannungsgenerator: Ohne äußere Spannung entsteht an den offenen Kontakten eine photovoltaische Spannung: *Photovoltaischer Betrieb.*

Im Kurzschluß entsteht ein Kurzschlußstrom.

Wird die pn-Schicht mit Sperrspannung betrieben, so spricht man vom *photoelektrischen Betrieb.* Die Diode wirkt als Stromgenerator mit hohem Innenwiderstand.

Der Effekt tritt nur auf im spektralen Bereich der Grundgitterabsorption.

Adams, Day, *Proc. R. Soc. London* **25,** 113 (1876)
Braun, F., *Wied. Ann.* **4,** 476 (1878)
Grondahl, L. O., *U. S. A. Pat.* 1640335 (1925)
Geiger, Ph., *Brit. Pat.* 277610 (1927)
Lit.: [2, 6d, 28, 50 Bd. IV, 4, 91, 92]

Springbrunnen-Effekt → Onnes-Effekte

Sprudel-Effekt → Lenard-Effekt

Spuranpassungs-Effekt Me

(Koinzidenz-Effekt)
Fällt eine Schallwelle unter einem Winkel auf eine Wand, so laufen in der Wand Biegeschwingungen fort. Entsprechen diese der freien Biegeschwingung der Wand, so ergibt sich eine Koinzidenz-Grenzfrequenz, bei der die Schalldämmung minimal wird.
Lit.: [85]

Stark-Effekt (1913) Eo

Unter der Einwirkung eines starken elektrischen Feldes spalten die Spektrallinien ähnlich wie

beim → Zeeman-Effekt in mehrere Komponenten auf. Man findet beim Wasserstoff eine lineare Abhängigkeit *(linearer Stark-Effekt)* von der elektrischen Feldstärke, bei allen anderen Atomen und Molekülen eine quadratische Abhängigkeit *(quadratischer Stark-Effekt)*. Die Entartung der zur gleichen Hauptquantenzahl gehörigen Energieniveaus wird aufgehoben und es erscheinen im Spektrum so viele Linien, wie es der Drehimpulsquantenzahl entspricht. Der Effekt hat nicht die Bedeutung wie der Zeeman-Effekt. Der Stark-Effekt muß aber berücksichtigt werden, wenn man die Energieterme von Fremdatomen im Wirtskristallgitter berechnen will. Die atomaren Felder führen zu einer Aufspaltung der Terme.
(→ Jahn-Teller-Effekt)

STARK, Johannes,
dt. Physiker, 15. 4.1874 – 21. 6. 1957,
Prof. in Hannover, Aachen, Greifswald u. Würzburg,
1933 – 1939 Präs. der Physikal.-Techn. Reichsanstalt

Stark, J., *Berl. Sitzungsber.* 932(1913)
Stark, J., *Ann. Phys.* **43,** 83 (1914)
Stark, J., *Ann. Phys.* **48,** 26 (1915)
La Surdo, A., *Atti Acad. R. Lincei* **22,** 664 (1913)
Lit.: [6c, 6d, 10, 27, 50 Bd. II, 2.2]

Stark-Doppler-Effekt
→ Optischer Doppler-Effekt

Stavermann-Effekt TK
Der osmotische Druck einer Lösung ist niedriger als aus der gesamten molaren Konzentration errechnet, wenn die Lösung Komponenten enthält, die die Durchlässigkeit der Membranen beeinflussen.
Lit.: [75]

Stern-Gerlach-Versuch (1921) AQ II
(Stern-Gerlach-Effekt)
In einem inhomogenen Magnetfeld unterliegt ein Atom mit magnetischem Moment einer Kraft in Richtung der Inhomogenität. Man kann so z. B. einen Atomstrahl aus der geraden Richtung auslenken und damit das magnetische Moment der einzelnen Atome messen. Zusätzlich läßt sich die sogenannte Richtungsquantelung nachweisen, weil der Strahl in soviel einzelne Teilstrahlen aufspaltet, wie Einstellmöglichkeiten des Spins zum magnetischen Feld bestehen. Ist J die Quantenzahl des resultierenden Drehimpulses des Atoms, sind $(2J + 1)$ Aufspaltungen möglich. Aus der Auszählung der Teilstrahlen kann man den Gesamtdrehimpuls der betreffenden Atomzustände leicht ermitteln. Auf den Stern-Gerlach-Versuch gründet sich die *Atomstrahl-Resonanzmethode* zur Messung magnetischer Kernmomente.

STERN, Otto,
dt. Physiker, 17. 2. 1888 – 17. 8. 1969
Prof. in Frankfurt a. M., Rostock, Hamburg, seit 1933 in Pittsburgh (USA)

GERLACH, Walther,
dt. Physiker, 1. 8. 1889 (Biebrich) – 15. 8. 1978 (München)
Prof. in Frankfurt, Tübingen und München

Stern, O., *Z. Phys.* **7,** 249 (1921)
Gerlach, W., und Stern, O., *Z. Phys.* **8,** 110 (1921)
Gerlach, W., und Stern, O., *Z. Phys.* **9,** 349, 353 (1922)
Stern, O., *Ann. Phys.* **74,** 673 (1924)
Lit.: [6d, 7, 16, 17, 22d, 41, 60, 66, 69, 70 Bd. II]

Stimulierte Emission → Laser

Störausbreitungs-Effekt
→ Substituenten-Effekt

Streckgrenzen-Effekt
→ Portevin-Le Chatelier-Effekt

Streu-Effekte A, Str
Die Beugung von Licht (elektromagnetischer Wellen) an kleinen Teilchen, deren Durchmesser vergleichbar mit der Wellenlänge sind, wird als Streuung bezeichnet.
Die einfallende Welle wird aus ihrer ursprünglichen Richtung abgelenkt und die Polarisation der Streustrahlung kann sich ändern. Die Winkelabhängigkeit der Streustrahlung in bezug auf die einfallende Welle ist charakteristisch für die streuenden Teilchen.
Nach der Anzahl der beteiligten Streupartner unterscheidet man *Einfach-* bzw. *Mehrfachstreuung.* Ist der Streuwinkel kleiner oder gleich 90°, so spricht man von *Vorwärtsstreuung,* bei größeren Winkeln von *Rückwärtsstreuung.* Weiter muß man zwischen *elastischer* und *inelastischer*

(inkohärenter) Streuung unterscheiden. Bei kohärenter Streuung ändert sich die Frequenz des Lichtes nicht.
Die Streuung von Licht (elektromagnetischer Wellen) findet letztlich immer an den elastisch gebundenen Elektronen der Atome bzw. Moleküle statt. Charakteristische Parameter für die Streuung sind die Photonenenergie im Verhältnis zur Ruheenergie der Elektronen und die Resonanzfrequenz der Teilchen.
Bei hohen Lichtfrequenzen können die Elektronen als praktisch frei angesehen werden.
Die inkohärente Streuung ist mit einer Frequenzverschiebung des gestreuten Lichts verbunden. Beim Streuvorgang gibt ein Teil der einfallenden Photonen ihre Energie ab. Es erscheint dann neben der ursprünglichen Frequenz z. B. längerwelliges Licht (→ Compton-Effekt, → Raman-Effekt).

Streuung von Teilchen **Str**

Die Streuung von atomaren oder subatomaren Teilchen aneinander ist eines der Hauptaufgabengebiete der Teilchen- oder Hochenergiephysik. Die Analyse der experimentellen Ergebnisse, die man aus den Streuexperimenten mit den großen Beschleunigeranlagen erhält, liefert ein Verständnis der subatomaren Kräfte und Teilchen.

Tabelle 10. Kohärente Streuung

	Streuung an	Bemerkung
Mie-Streuung	Teilchen, die vergleichbar oder größer gegenüber der Wellenlänge sind: Staub, Ruß, etc.	keine Frequenzänderung charakteristische Rückwärtsstreuung
Resonanz-Streuung	Atomen, Molekülen	elastische Streuung
Kern-Resonanz-Streuung	Atomkernen	Anregung der Hüllenelektronen bzw. von Kernniveaus
Rayleigh-Streuung	Teilchen, die klein gegen die Wellenlänge sind	
Tyndall-Effekt	submikroskopischen Teilchen in Lösungen	Beobachtung senkrecht zum Lichteinfall; Streulicht blau, anderer Polarisationszustand
Thomson-Streuung	quasifreien Elektronen	
Kern-Thomson-Streuung	Atomkernen	Photonenergien von 0,01 – 10 MeV (Wellenlänge der Photonen 10^{-8} cm bis 10^{-11} cm)

Tabelle 11. Inkohärente Streuung

	Streuung an	relative Frequenzänderung
Compton-Effekt	freien Elektronen	$-(10^{-3}$ bis $10^{-1})$
Paarerzeugung	Atomkernen	-1
Raman-Effekt	Molekülen	$\pm(10^{-3}$ bis $10^{-2})$
Brillouin-Effekt	Kristallen und Flüssigkeiten	$\pm(10^{-6}$ bis $10^{-5})$

Wie bei der Streuung von elektromagnetischen Wellen findet man elastische und inelastische Streuvorgänge.
Die wichtigsten Streuprozesse sind:

Bhabha-Streuung
Die Streuung hochenergetischer Positronen an Elektronen wird als Bhabha-Streuung bezeichnet.
BHABHA, H. Jehanger,
ind. Physiker, 30. 10. 1909 – 24. 1. 1966

Born-Streuung
Berücksichtigt man den Einfluß der Elektronenhülle auf die Kernstreuung in der Bornschen Näherung, so spricht man von Born-Streuung.
BORN, Max,
dt. Physiker, 11. 12. 1882 – 5. 1. 1970,
bis 1933 Prof. in Berlin, Frankfurt, Göttingen u. Edinburgh.

Delbrück-Streuung (1933)
Kohärente, elastische Streuung elektromagnetischer Wellen (Photonen, Quanten) am Kernpotential. Die Photonen spalten in der Nähe des Kernes in virtuelle Elektron-Positron-Paare auf. Nach der Wechselwirkung mit dem Kernfeld kommt es unter Aussendung eines gestreuten Photons zur Paarvernichtung. Die Delbrückstreuung läßt sich von den anderen Streuprozessen nicht isolieren, sie tritt immer mit diesen verkoppelt auf.
DELBRÜCK, Max, dt.-am. Phys. und Biophys.
4. 9. 1906 – 1980

Mott-Streuung
Die Streuung von transversal polarisierten Elektronen am Coulombfeld wird als Mott-Streuung bezeichnet. Der Bahndrehimpuls der Elektronen ist verschieden, je nachdem, ob die Elektronen recht oder links an der streuenden Ladung vorbei fliegen. Mit dem Bahndrehimpuls ist ein magnetisches Moment verbunden, das in beiden Fällen zu einer unterschiedlichen Wechselwirkungsenergie führt. Die quantenmechanische Streutheorie ergibt die richtige Streuformel für diesen Prozeß. Mit Hilfe der Mottstreuung läßt sich die Polarisation der Elektronen beim β-Zerfall von Kernen ermitteln, man findet eine longitudinale Polarisation.
Die Streuung von Elektronen an Elektronen wird als Møller-Streuung bezeichnet.
MOTT, Sir Neville Francis,
engl. Physiker, 30. 9. 1905, Prof. in Bristol
MØLLER, Christian,
dän. Phys., 22. 12. 1904, Prof. in Kopenhagen
Lit.: [6c, 6d, 6e, 7, 9, 13, 22d, 38 Bd. III, IV, V, VI, VIII, X, 45, 49, 50 Bd. II, 2.1, II, 2.2, IV, 3, 60, 61 Bd. III, IV, 69, 72 – 79, 90, 93]

Rutherford-Streuung
(Coulomb-Streuung)
Hierunter versteht man die Streuung elektrisch geladener Teilchen am Coulombfeld eines anderen geladenen Teilchens aufgrund der Coulombwechselwirkung. Die Streuung von α-Teilchen an Atomen führte Rutherford zu einem Atommodell. Die Rutherfordsche Streuformel ergibt klassisch und quantenmechanisch für kleine Energien der α-Teilchen dasselbe Ergebnis. Bei hohen Energien ergibt die Quantenmechanik ein Korrekturglied. Über dieses Korrekturglied kann der Kernradius aus den Streuexperimenten ermittelt werden.
RUTHERFORD, Ernest,
seit 1931 Lord R. of Nelson, brit. Physiker, 30. 8. 1871 Nelson (Neuseeland) – 19. 10. 1937 Cambridge
Prof. in Montreal, Manchester, Cambridge

Stroboskop-Effekt A

Der Lichtstrom von elektrischen Lampen, die mit Wechselstrom betrieben werden, ist periodischen Schwankungen mit der doppelten Netzfrequenz unterworfen. Dieses „Lichtflimmern“ von 100 Hz bei 50 Hz-Netzen wird normalerweise nicht bemerkt, da das Auge Schwankungen dieser Frequenz nicht mehr wahrnehmen kann. Es kann unter Umständen aber störend in Erscheinung treten, wenn schnell bewegte Gegenstände mit derartigem Licht beleuchtet werden. So kann es z. B. vorkommen, daß ein schnellumlaufender Maschinenteil stillzustehen scheint, wenn seine Umdrehungszahl gleich der Flimmerfrequenz ist. Dieser Effekt wird als Stroboskop-Effekt bezeichnet.
Man nützt den Effekt aus, um schnelle Bewegungsvorgänge zu beobachten. Dabei ändert man die Frequenz der Lampen, meist Blitzlampen, solange, bis Stillstand der Bewegung oder eine sehr langsame Bewegung beobachtbar wird. Das Rückwärtslaufen z. B. von Rädern in Filmen beruht auf dem Stroboskop-Effekt.
Lit.: [16]

Stromleitungs-Effekte St

(in Metallen und Halbleitern)

Die Stromleitung in Metallen führt je nach der experimentellen Anordnung zu verschiedenen mehr oder weniger stark ausgeprägten Effekten. Es lassen sich zwei Gruppen unterscheiden. In der ersten Gruppe sind die zusammengefaßt, die durch einen fließenden Strom in inhomogenen

Tabelle 12. Thermoelektrische Effekte (s. auch Tabellen 27, 42, 48, 50)

Ursache	ergibt	Name des Effektes		
Thermoelektrische Inhomogen-Effekte				
Temperaturdifferenz zwischen zwei Kontaktstellen verschiedener Leiter	Thermospannung	Seebeck-Effekt	experimentell gesichert	
fließender Strom durch verschiedene Leiter	Temperaturdifferenz an den Kontaktstellen	Peltier-Effekt	experimentell gesichert	
Thermoelektrische Homogen-Effekte				
Temperaturgradient längs des Leiters	Thermospannung	1. Benedicks-Effekt	experimentell fast gesichert	*Effekte 1. Ordnung*
konstante Temperatur längs des Leiters, der eine Einschnürung (verringerten Querschnitt) an einer Stelle besitzt, und fließender Strom	Temperaturgradient längs des Leiters	2. Benedicks-Effekt	nicht sicher nachgewiesen	
Temperaturgradient längs des Leiters, und fließender Strom	Änderung des Temperaturgradienten	Thomson-Effekt	experimentell gesichert	*Effekte 2. Ordnung*
sich ändernder Temperaturgradient	Thermospannung	inverser Thomson-Effekt	noch nicht nachgewiesen	
Thermoelektrische Effekte in Kristallen				
Stromrichtung und Kristallachsen verschieden	Wärme	Bridgman-Effekt	nachgewiesen	
Stromfluß im Metall	Phononenstrom	Peltier-Effekt, des Gitters, Gurewitsch-Effekt, Phonon-Drag-Effekt	nachgewiesen	

Leitern, bzw. in miteinander verbundenen verschiedenen homogenen Leitern auftreten. Hierbei sind Temperaturänderungen mit elektrischen Potentialen bzw. Spannungen verknüpft. Für diese Effekte ist die Sammelbezeichnung *Thermoelektrizität* oder *Thermoelektrische Effekte* üblich. (Tabelle 12).

In der zweiten Gruppe wird die Entstehung von Temperatur- und Spannungsdifferenzen in strom- oder wärmedurchflossenen Leitern bei

Tabelle 13. Galvanomagnetische und Thermomagnetische Effekte (s. auch Tabellen 27, 42, 48, 50)

	Galvanomagnetische Effekte		Thermomagnetische Effekte	
	Der Leiter ist vom elektrischen Strom *J* durchflossen		Der Leiter ist vom Wärmestrom *W* durchflossen	
	Es entsteht Potentialdifferenz	Temperaturdifferenz	Es entsteht Temperaturdifferenz	Potentialdifferenz
Transversales B Longitudinal-Effekte	Hall-Effekt transversale Potentialdifferenz 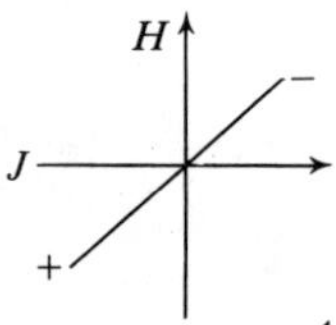 1	Ettingshausen-Effekt transversale Temperaturdifferenz 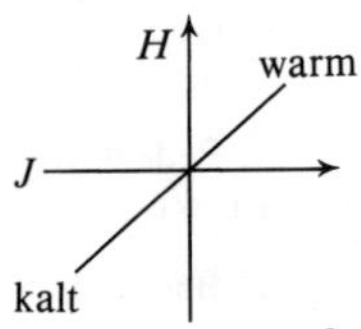 2	1. Righi-Leduc-Effekt transversale Temperaturdifferenz 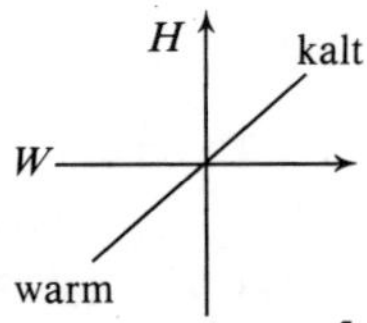 5	1. Ettingshausen-Nernst-Effekt transversale Potentialdifferenz 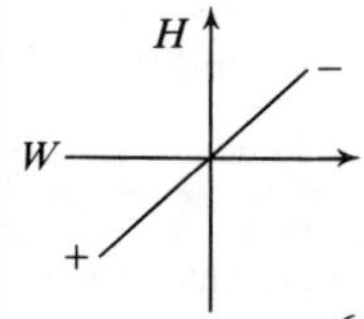 6
Transversales B Transversal-Effekte	Thomson-Effekt Änderung der longitudinalen Potentialdifferenz = Änderung des elektrischen Widerstandes = transversaler Magnetowiderstand 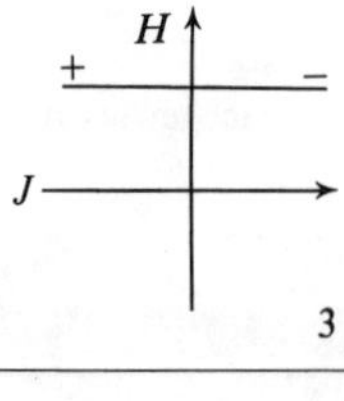 3	Nernst-Effekt longitudinale Temperaturdifferenz = Peltier-Effekt zwischen magnetisiertem und nichtmagnetisiertem Material 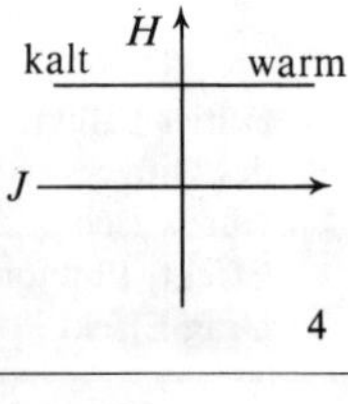 4	2. Righi-Leduc-Effekt Maggi-Righi-Leduc-Effekt Änderung longitudinale Temperaturdifferenz = Änderung des thermischen Widerstandes (der Leitfähigkeit) = transversaler thermischer Magnetwiderstand 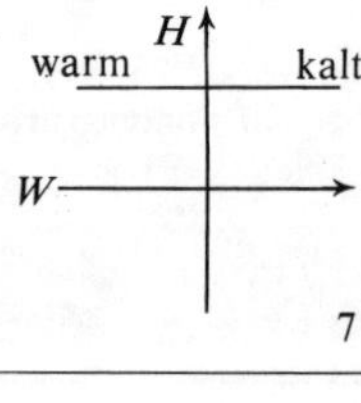 7	2. Ettingshausen-Nernst-Effekt longitudinale Potentialdifferenz Thermokraft zwischen magnetisiertem und unmagnetisiertem Material 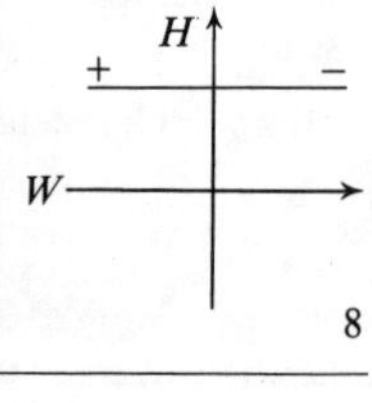 8

Tabelle 13 (Fortsetzung)

Longitudinales B Longitudinal-Effekte	Änderung des elektrischen Widerstandes = longitudinaler Magnetowiderstand + —— − H ←—— J ←——→ 9	Peltier-Effekt zwischen magnetisiertem und nichtmagnetisiertem Material kalt —— warm H ——→ J ←——→ 10	Änderung des thermischen Widerstandes (thermische Leitfähigkeit) = longitudinaler thermischer Magnetwiderstand warm —— kalt H ←——→ W —— 11	(Seebeck-Effekt) Thermokraft zwischen magnetisiertem und nichtmagnetisiertem Material + —— − H ——→ W ——→ 12

Anwesenheit eines longitudinalen oder transversalen Magnetfeldes untersucht. Diese Effekte werden unter den Sammelbegriffen *galvanomagnetische* und *thermomagnetische Effekte* oder *„generalisierte Hall-Effekte"* zusammengefaßt. (Tabelle 13)

Die im longitudinalen Magnetfeld auftretenden Longitudinal-Effekte sind bis auf den Magnetowiderstands-Effekt nicht benannt. Die experimentelle Anordnung und entstehender Effekt sind der Tabelle zu entnehmen. Neuere Meßergebnisse liegen nicht vor.

Die auftretenden Änderungen von Wärmestrom, Spannung und Temperatur sind im allgemeinen direkt proportional der wirkenden Größe. Sie lassen sich alle elementar durch sich im Leiter bewegende Elektronen unter dem Einfluß von Temperaturdifferenz oder Wärmestrom, elektrischem und magnetischem Feld und die auf die Elektronen dann wirkende Lorentzkraft erklären. Fallen die Richtung von Strom und Magnetfeld zusammen *(Longitudinal-Effekte),* so hängen die Effekte aus Symmetriegründen von der magnetischen Feldstärke quadratisch ab.

Ein Teil der Effekte läßt sich in Einkristallen, Gasen, Elektrolyten und im Plasma nachweisen. Bei Halbleitern werden die Koeffizienten der einzelnen Effekte abhängig von den Beweglichkeiten von Elektronen und Löchern. Bei anisotropen Kristallen werden die Koeffizienten zusätzlich abhängig von der Richtung der Kristallachsen.

Die Koeffizienten der einzelnen Effekte hängen für jede Gruppe auf einfache Weise voneinander ab. Sie lassen sich entweder durch die Beweglichkeiten der Ladungsträger ausdrücken oder durch die elektrische Leitfähigkeit, Wärmeleitfähigkeit und Wiedemann-Franzsche Zahl.

Die Untersuchung der Effekte hat wesentlich zum Verständnis der Stromleitung in Metallen und später in Halbleitern beigetragen. Sie treten im allgemeinen immer miteinander verkoppelt auf; sie sind daher schwer experimentell zu trennen. Die Effekte sind in der Regel sehr klein und haben bisher außer dem Hall- und Widerstands-Effekt kaum Anwendungen gefunden.

Im Falle der → *Supraleitung* verschwinden diese Effekte: Der Leitungsmechanismus ist ein anderer (Cooper-Paare), und ein Magnetfeld hat – innerhalb gewisser Grenzen – keinen Einfluß auf die Stromleitung (→ Abschirm-Effekt, → Meißner-Ochsenfeld-Effekt).

In Supraleitern zweiter Art können die Effekte wieder auftreten. Sie sind dann mit der Flußbewegung in Supraleitern zweiter Art verbunden.

Strömungsstrom (1859) Ek

(Quincke)
(Strömungsspannung)
Preßt man eine Flüssigkeit durch ein Diaphragma, so lädt sich diese umgekehrt wie das Diaphragma auf und erzeugt so eine Strömungsspannung oder ein durch die Strömung hervorgerufenes Potential.
Lit.: [50 Bd. IV, 4] [75] [77]

Strömungsspannung → Strömungsstrom

Substituenten-Effekte AQ I

(Störausbreitungs-Effekt, F-Effekt, Feld-Effekt, Feld(F)-Effekt, I-Effekt, Induktions-Effekt, Mesomerer Effekt)
Die Ausbreitung einer Störung der Elektronenverteilung eines Moleküls wird als Substituenten-Effekt bezeichnet. Erfolgt die Störung durch Induktion der Dipole längs einer Molekülkette, so spricht man vom *Induktions-(I)-Effekt.* Wird die Störung direkt durch die Feldwirkung übertragen, so handelt es sich um den *Feld-(F)-Effekt.*
Bei ungesättigten Verbindungen tritt zusätzlich noch der *Mesomere Stubstituenten-Effekt* auf, wobei ein Substituent mit seinen Elektronen die Elektronenverteilung im Molekülrest über eine Wechselwirkung mit den Elektronen der ungesättigten Bindung beeinflußt.
Lit.: [75]

Suhl-Effekt (1949) H

Durch das Zusammenwirken von äußeren elektrischen und magnetischen Feldern läßt sich die Bewegung von injizierten Ladungsträgern in einem Halbleiter beeinflussen. Sie können z. B. in die Nähe der Kristalloberfläche in Gebiete erhöhter Rekombination gebracht werden. Der an einem Kollektor nachgewiesene Strom hängt von beiden Feldern ab. Man verwendet den Effekt, um die Rekombinationseigenschaften von Halbleitern zu untersuchen. Weiter läßt sich eine Magnetdiode aufbauen, die als Verstärker bzw. Multiplikator wirkt.
SUHL, Harry,
dt.-amerik. Physiker, 18. 10. 1922
Lit.: [75]

Superelastizität → Memory-Effekt

Supraleitung (1911) S

Heike Kamerlingh Onnes fand 1911 bei seinen Untersuchungen zur Temperaturabhängigkeit der elektrischen Leitfähigkeit bei tiefen Temperaturen das Phänomen der Supraleitung: Innerhalb eines Temperaturintervalls von wenigen Hundertsteln eines Grades verschwand bei 4,2 K der elektrische Widerstand von Quecksilber. Die relative Widerstandsänderung betrug mehrere Zehnerpotenzen von etwa 10^{-1} auf weniger als 10^{-5}. Das Ergebnis der Experimente war überraschend und zeigte eine neue Zustandsform von Materie. Heute findet man Widerstandsänderungen bis zu 10^{-12}. Der Effekt ist mit einer Hysterese behaftet (→ Hysterese-Effekt). Die Supraleitung ist ein Tieftemperaturphänomen, wie die Suprafluidität (→ Onnes-Effekte). Mit ihm sind eine Reihe weiterer Effekte verbunden, die ein Verständnis des Leitungsmechanismus der Supraleitung geben.
Bei tiefen Temperaturen koppeln sich die Elektronen zu *Cooper-Paaren* mit folgenden Eigenschaften: Die beiden Elektronen eines Cooper-Paares haben gleich großen, aber entgegengesetzten Impuls und entgegengesetzten Spin (Eigendrehimpuls). Cooper-Paare haben also Gesamtimpuls und Spin null. Die Eigenschaften der Supraleitung sind durch die Existenz von Cooper-Paaren bestimmt (Cooper-Effekt).
Es zeigt sich, daß der supraleitende Zustand nicht nur durch die Temperatur, sondern auch durch ein (externes) Magnetfeld aufgehoben werden kann. In einem Magnetfeld-Temperatur-Diagramm läßt sich der Existenzbereich der Supraleitung angeben: Das kritische Magnetfeld hängt quadratisch von der Temperatur ab. Das Diagramm wird meistens als Phasen-Diagramm bezeichnet. Man unterscheidet zwischen normalleitender und supraleitender Phase.
Da neben den Metallen auch Legierungen und intermetallische Verbindungen das Phänomen der Supraleitung zeigen, erhält man eine Klassifizierung:
Supraleiter 1. Art: (weiche Supraleiter)
Reine kristalline Elemente, sprungförmiger und reversibler Übergang in den normalleitenden Zustand bei geringen magnetischen Feldstärken. Ein äußeres Magnetfeld kann nur in eine dünne Oberflächenschicht eindringen.
(Te, Pb, Ta, Hg, Sn, In Al, Ta, Tl)
Supraleiter 2. Art:
Elemente Nb, V, Legierungen wie Blei/Wismut,

Niob/Zirkon oder intermetallische Verbindungen wie Nb_3Sn oder V_3Ga. Diese Materialien zeigen eine Aufspaltung in normal- und supraleitende Bereiche. Dies führt zu einer Erhöhung der kritischen Flußdichte und Stromdichte in der Probe. Durch ein äußeres Magnetfeld lassen sich die Bereiche bei fließendem Strom bewegen.

Supraleiter 3. Art: (harte Supraleiter)
Bei diesen wird die Bewegung der Bereiche durch Gitterstörungen verhindert.

Supraleiter 1. Art zeigen keine galvanomagnetischen, thermoelektrischen und thermomagnetischen Effekte. Bei Supraleitern 2. und 3. Art läßt sich der Hall-Effekt nachweisen.
Wonn, H. *Phys. Status Solidi* **8** (1965) 3, 639ff.)
Dies hängt mit der Bildung supraleitender und normalleitender Bereiche zusammen.
Die weiteren mit der Supraleitung verbundenen Effekte sind der Übersichtstabelle 38 (S) im tabellarischen Teil des Buches zu entnehmen.
(→ Onnes-Effekt)

KAMERLINGH ONNES, Heike,
niederl. Physiker, 21. 9. 1853 – 21. 1. 1926,
seit 1882 Prof. in Leiden.

Kamerlingh Onnes, H., *Commun. Kamerlingh Onnes Lab., Univ. Leiden,* **120b** (1911)
Kamerlingh Onnes, H., *Commun. Kamerlingh Onnes Lab. Univ. Leiden Suppl.* **34**, (1913)
Lit.: [6d, 11, 15, 22d, 44], *Lexika*

Szilard-Chalmers-Effekt (1934) K

Eine Änderung des chemischen Bindungszustandes radioaktiver Atome infolge des Rückstoßes bei Neutroneneinfang und nachfolgender Emission von Teilchen (z. B. Gammaquanten) wird als Szilard-Chalmers-Effekt bezeichnet.
Die Atome erhalten meist einen großen Rückstoß, so daß sie sich aus dem Molekülverband entfernen können. Der Effekt wird zur Gewinnung radioaktiver Isotope angewandt.

SZILARD, Leo,
ung.-amerik. Physiker, 11. 2. 1898 – 30. 5. 1964, seit 1938 in den USA, ab 1946 Prof. in Chicago

Szilard, L., und Chalmers, T. A., *Nature* **134**, 462 (1934)
Lit.: [75]

Tauch-Effekt (1921) AQ I

Die Leuchtelektronen eines Atoms können tief in den verbleibenden Atomrumpf eintauchen. Sie unterliegen dort einem starken Bindungspotential, wobei die Energie sinkt und die Bindungsenergie wächst. Der Effekt ist umso größer je größer der Rumpf oder je schwerer das Atom ist und je kleiner der Drehimpuls der Elektronen ist. Für die übrigen Elektronen der Hülle kann sich das volle Kernfeld bemerkbar machen, so daß der Tauch-Effekt an Bedeutung verliert.
Lit.: [90]

Teleskop-Effekt Fe

Beim Strecken einer Faser aus hochpolymerem Werkstoff kommt es zu einer Festigkeitszunahme. Diese führt zu einer Einschnürung, die sich bei Belastung der Faser beim Beginn des Fließens bildet, ohne daß es zum Bruch kommt. Wegen des teleskopartigen Größerwerdens der Einschnürung wird dieser Vorgang als Teleskop-Effekt bezeichnet. Die Fließursache liegt in der Tatsache, daß in der ungestreckten Form die Ketten knäuelförmig vorliegen, sich aber beim Strecken mehr und mehr parallel ausrichten. In solchermaßen orientierten Körpern werden die von außen wirkenden Kräfte von den Hauptvalenzen aufgefangen, die um eine Größenordnung stärker sind als die Nebenvalenzen. Daher kommt es zu einer Zunahme der Festigkeit bei geringem Querschnitt.
Lit.: [90]

Textur-Umwandlungs-Effekt
→ Flüssigkristall-Effekt

Thermische Effusion → Knudsen-Effekt

Thermische Expansion
→ Piezokalorischer Effekt

Thermische Nachwirkung
→ magnetische Nachwirkungs-Effekte

Thermodiffusion → Diffusion

Thermodiffusionspotential
→ Thermoelektrische Effekte
→ Thermoelektrischer Homogen-Effekt

Thermodynamischer Druck-Effekt
→ Onnes-Effekt

Thermoelektrische Effekte Te

Unter diesem Begriff werden folgende Effekte zusammengefaßt:

Seebeck-Effekt } Thermoelektrische
Peltier-Effekt } Inhomogen-Effekte

Thomson-Effekte Benedicks-Effekte	}	Thermoelektrische Homogen-Effekte,

Bridgman-Effekt (innerer Peltier-Effekt),
Phonon-Drag-Effekt (Peltier-Effekt des Gitters).
→ Stromleitungs-Effekte, Galvanomagnetismus
→ Thermomagnetismus

Benedicks-Effekte (1916/1918)
In einem homogenen Leiterstück entsteht eine Thermospannung, wenn längs des Leiters ein extrem hohes Temperaturgefälle besteht. (*1. Benedicks-Effekt).*
Der *2. Benedicks-Effekt* ist eine Erweiterung des → Thomson-Effektes: In homogenem Strom durchflossener Leiter entsteht an einer „Drosselstelle" eine der Stromstärke proportionale, aber sehr kleine Erwärmung. Die Effekte haben eine gewisse Ähnlichkeit mit dem → Knudsen-Effekt (Thermische Effusion).
Diese elektrothermischen Homogen-Effekte treten gegenüber anderen Effekten bei metallischen Leitern zurück, sind jedoch bei Metall-Halbleiterkombinationen zu berücksichtigen. Die Größenordnung liegt bei einigen Mikrovolt pro Grad.
BENEDICKS, Carl Axel Frederic,
27. 5. 1875 – 16. 7. 1958 (Stockholm)
Benedicks, C. A. F., *Ann. Phys.* **55,** 1, 103 (1918)
Benedicks, C. A. F., *Ann. Phys.* **62,** 185 (1920)
Benedicks, C. A. F., *C. R.* **167,** 296 (1918)
Benedicks, C. A. F., *Math. Astron. de Phys.* **23 A** Nr. 27
Benedicks, C. A. F., *Math. Astron. de Phys.* **24 A,** Nr. 1, 7, (1933)
Lit.: [6b, 22b, 22d, 30, 75, 76, 78, 88]

Bridgman-Effekt (1925)
(innerer Peltier-Effekt)
Hierunter versteht man den inneren Peltier-Effekt. Dabei wird in anisotropen Metallen bei Stromfluß Wärme *(Bridgeman-Wärme)* erzeugt, wenn der Strom seine Richtung gegenüber den Kristallachsen ändert. Die experimentellen Ergebnisse zeigen, daß z. B. auch zwischen verschieden orientierten Kristallen desselben Metalls eine Thermospannung existiert.
BRIDGMAN, Percy Williams, amerik. Physiker,
21.4.1882 – 20.8.1961 Prof. a.d. Harvard-Univ.
Bridgman, P. W., *Proc. Nat. Acad. Sci.- USA* **11,** 608 (1925)
Bridgman, P. W., *Proc. Am. Acad. Arts Sci.* **61,** 101 (1925)
Bridgman, P. W., *Phys. Rev.* **39,** 702 (1932)
Bridgman, P. W., *Phys. Rev.* **42,** 858 (1932)
Lit.: [30] [74] [75]

Peltier-Effekt (1834)
(Elektrothermischer Inhomogen-Effekt)
Fließt in einem aus zwei verschiedenen homogenen Leitern gebildeten Kreis ein Strom, so wird den Lötstellen je nach Stromrichtung Wärme zugeführt bzw. entnommen *(Peltierwärme).*
Der Peltier-Effekt ist die Umkehrung des → Seebeck-Effektes. Die erzeugte bzw. absorbierte Wärmemenge ist der fließenden Stromstärke direkt proportional, wobei der Proportionalitätsfaktor als Peltier-Koeffizient bezeichnet wird.
Beide Effekte, Seebeck- und Peltier-Effekt, finden unter Benutzung moderner Halbleiter, bei denen diese besonders ausgeprägt sind, Verwendung als Elemente zur Umwandlung thermischer in elektrische Energie und als Kühlelemente zum Erreichen tiefer Temperaturen.
PELTIER, Jean Charles Athanasa, fr. Physiker,
22. 2. 1785 – 27. 10. 1845, Paris
C. R. I (1835)
Peltier, J. Ch. A., *Ann. Chim. Phys.* **56,** 371 (1834)
Lit.: [3, 6b, 22d, 23, 27, 30, 38 Bd. VIII, 43, 49, 53, 69, 70]

Phonon-Drag-Effekt
(Gurewitsch Effekt)
Elektronen werden im Metall an den Phononen gestreut und umgekehrt. Fließt in einem Metall ein Strom, so entspricht dem eine Verschiebung der Fermifläche im Metall. Wegen der Elektron-Phonon-Wechselwirkung wird daher auch die Fermifläche der Phononen verschoben. Beide Systeme versuchen ins Gleichgewicht zu kommen.
Dem Phononenstrom entspricht ein Wärmestrom, ausgelöst durch den elektrischen Strom (→ Peltier-Effekt des Gitters). Bei normalen Temperaturen werden die Phonon-Phonon-Wechselwirkungen allerdings so groß, daß dieser Wärmestrom schlecht beobachtbar wird *(Gurewitsch-Effekt).*
Bei tiefen Temperaturen wird der Phonon-Drag-Effekt leicht beobachtbar. Je nachdem, in welche Richtung die Phononen an den Elektronen

bezüglich des äußeren Feldes gestreut werden, wird der elektrische Strom durch zusätzliche Phononen verringert oder die Phononen entgegengesetzt zu den Elektronen emittiert.
Der Peltier-Effekt des Gitters kann daher positiv oder negativ sein.
(→ Drag-Effekt, → Photon-Drag-Effekt)
GUREWITSCH, Anolde,
russ.-amerik. Physiker, 12. 6. 1911
Lit.: [2] [71]

Seebeck-Effekt (1822)
(Thermoelektrischer Inhomogen Effekt)
In einem aus zwei verschiedenen, homogenen Leitern gebildeten Stromkreis entsteht eine Thermospannung, wenn die Lötstellen unterschiedliche Temperaturen aufweisen. Die Thermospannung ist der Temperaturdifferenz proportional, wobei der Proportionalitätskoeffizient als differentielle *Thermokraft* bezeichnet wird.
Die Ausbildung der Thermospannung (oder des Thermostromes) beruht darauf, daß sich die Ladungsträger aufgrund der Temperaturdifferenz neu verteilen.
SEEBECK, Thomas Johann, dt. Physiker
9. 4. 1770 (Reval) – 10. 12. 1831 (Berlin)
Seebeck, T. J., *Abh. Kgl. Akad. Wiss. Berlin* **23,** 265 ff. (1822)
Seebeck, T. J., *Ann. Phys.* (1) **73,** 430 (1823)
Seebeck, T. J., *Ann. Phys.* (2) **6,** 1, 133 (1826)
Lit.: [3, 6b, 22b, 22d, 30, 86]

Thermoelektrischer Homogen-Effekt
Ein Temperaturgefälle bewirkt in einem Stoffgemisch im Stationären allgemein eine partielle Entmischung der Komponenten *(Thermodiffusion).* Bei Elektrolyten entsteht aber schon durch eine äußerst kleine Entmischung der Ionen ein elektrisches Feld, welches die weitere Trennung verhindert. Die Thermodiffusion führt also in diesem Fall zu Potentialdifferenzen *(Thermodiffusionspotential)* in praktisch homogener Substanz.
Lit.: [76]

Thomson-Effekt (1856)
Fließt in einem homogenen Leiter ein Strom und herrscht in diesem zusätzlich ein Temperaturgefälle, so wird je nach Stromrichtung zusätzlich zur Jouleschen Wärme eine Wärmemenge erzeugt oder absorbiert. Fließt der Strom in Richtung wachsender Temperatur, so wird bei positivem Koeffizienten Wärme erzeugt und umgekehrt. Bei negativem Koeffizienten drehen sich die Verhältnisse um. Die erzeugte Wärme ist dem fließenden Strom und der Temperaturdifferenz proportional. Der Thomson-Effekt wird durch den → Joule-Effekt (Joule-Wärme) verstärkt, der quadratisch vom Strom abhängt.
THOMSON, William, Lord Kelvin
→ galvanomagnetische Effekte
Thomson, W., *Math. Phys. Papers* **2,** 192 Cambridge (1882)
Thomson, W., *Philos. Trans. R. Soc., London* **146,** 663 (1856)
Thomson, W., *Math. Phys. Papers* **2,** 207 (1884)
Lit.: Thomson, W., *Math. Phys. Papers* **1,** 232, 266; Cambridge (1882)

Inverser Thomson-Effekt (1856)
Aus Symmetriegründen muß es einen inversen Thomson-Effekt geben, wobei ein sich ändernder Temperaturgradient eine Thermospannung erzeugt. Der Effekt ist noch nicht nachgewiesen. Beide Effekte werden als thermoelektrische Effekte 2. Ordnung bezeichnet.
Lit.: [30]

Thermoelektrischer Homogen-Effekt
→ Thermoelektrische Effekte

Thermoelektrischer Inhomogen-Effekt
→ Thermoelektrische Effekte

Thermoionischer Effekt
→ Langmuir-Effekt

Thermolumineszenz-Effekt
→ Lumineszenz-Effekte

Thermomagnetische Effekte Tm, St
Unter diesem Begriff werden die Effekte zusammengefaßt, welche in Leitern auftreten, bei denen zur Wärmeströmung ein Magnetfeld hinzukommt: Righi-Leduc-Effekt, Ettingshausen-Nernst-Effekt, Änderung des Wärmewiderstandes im magnetischen Feld, Thermokraft (Seebeck-Effekt) zwischen magnetisiertem und nichtmagnetisiertem Teil desselben Stoffes (2. Ettingshausen-Nernst-Effekt).
(→ Stromleitungs-Effekte)

Ettingshausen-Nernst-Effekt (1886)
Umkehrung des Ettingshausen-Effektes: Im transversalen Magnetfeld entsteht bei transversalem Wärmestrom eine transversale Potentialdifferenz. Der Effekt ist das thermische Analogon zum → Hall-Effekt.
(Der elektrische Strom ist durch den Wärmestrom und die Hallspannung durch die Temperaturdifferenz zu ersetzen.)
Der Effekt läßt sich als Detektor für thermische Strahlung anwenden.
(→ OEN-Effekt)
Als *zweiten Ettingshausen-Nernst-Effekt* bezeichnet man das Auftreten einer Thermokraft zwischen magnetisierten und unmagnetisierten Teilen desselben Leiters.

Nernst, G., *Wied. Ann.* 24, 343 (1886)
Nernst, G., *Wied. Ann.* 31, 760 (1887)
Elbel, T., und Soa, E. A., *Feingerätetechnik* **28,** 243 – 246 (1979)
Lit.: Nernst, G., *Wiener Anz.* Nr. VIII (1886)

Maggi-Righi-Effekt
(2. Righi-Leduc-Effekt)
In einem transversalen Magnetfeld kommt es in einem von Gleichstrom durchflossenen homogenen Leiter zur Ausbildung einer longitudinalen Temperaturdifferenz bzw. zu einer Änderung der thermischen Leitfähigkeit.

MAGGI, Gian Antonio, it. Physiker,
19. 2. 1856 – 1937
RHIGHI, Augusto, it. Physiker 27. 8. 1850 – 1920

OEN-Effekt
(Optisch induzierter Ettingshausen-Nernst-Effekt)
Neben dem Photo-Hall-Effekt tritt auch ein optisch induzierter Ettingshausen-Nernst-Effekt auf: Die Absorption von Strahlung in einem geeigneten Halbleiterplättchen führt zu einer Temperaturdifferenz im Plättchen zwischen Vorder- und Rückseite. Dies führt zu einem Wärmestrom. Im transversalen Magnetfeld wird daher eine Spannung erzeugt, die senkrecht zur Strahlungsrichtung und zum Magnetfeld abgegriffen werden kann. Man benutzt den Effekt als Strahlungsdetektor.
Lit.: Motschmann, H., *Siemens Forschungs-und Entwicklungsberichte* **3, 19 (1974)**

Righi-Leduc-Effekt (1887)
Stehen in einem homogenen Leiter die Richtungen von Wärmestrom und Magnetfeld aufeinander senkrecht, so bildet sich ein dazu senkrechter Temperaturgradient aus.

LEDUC, Sylvestre Anatole, fr. Physiker,
22. 4. 1856 – 15. 4. 1937
Leduc, S. A., *C. R.* **104,** 1783 (1887)
Leduc, S. A, *C. R.* **105,** 250 (1887)
Lit.: Righi, *Mem. R. Acc. dei Lincei, Rendic.* (4) **3,** 6 (1887)

Thirring-Lense-Effekt (1918) R

Ein in einem rotierenden Hohlkörper sich drehender Kreisel sollte nach der allgemeinen Relativitätstheorie eine Präzession ausführen. Da der Effekt sehr klein ist, konnte er bisher nicht nachgewiesen werden. Ein Nachweis scheint mit Hilfe von Satellitenexperimenten möglich zu sein.

THIRRING, Hans, östr. Physiker,
23. 3. 1888 – 22. 3. 1976
LENSE, Joseph,
28. 10. 1890 Wien
Thirring, H., *Phys. Z.* 19/39 (1918)
Thirring, H., *Phys. Z.* 22/29 (1921)
Thirring, H., und Lense, J., *Phys. Z.* 19/156 (1918)
Lit.: [40 Bd. II] [59]

Thomson-Effekt

→ galvanomagnetische Effekte,
→ thermoelektrische Effekte

Thomson-Effekt, inverser

→ thermoelektrischer Effekt

Thomson-Streuung → Streu-Effekte

Transistor-Effekt (1948) HB

Bei der Untersuchung der Bewegung von Defektelektronen in Halbleitereinkristallen entdeckten Bardeen, Brattain und Shockley den Transistor-Effekt. Sie injizierten in einen Germanium-Einkristall mit Metallelektroden Ladungsträger und haben mit einer zweiten Metallelektrode den Strom durch das Plättchen in Abhängigkeit vom Abstand der beiden Elektroden gemessen. Durch das Plättchen fließt dabei ein Grundstrom. Sie entdeckten dabei, daß bei richtiger Anordnung der Elektroden und der zugeführten Spannungen der fließende Strom vielfach verstärkt wurde:

Die vom Emitter kommenden Ladungsträger diffundieren durch eine praktisch feldfreie Zone, die sog. Basis, werden vom Kollektor eingefangen und verstärken damit den Kollektorstrom. Über den Spitzen- bzw. den Fadentransistor gelangte man recht schnell zu den heute üblichen pnp- bzw. npn-Transistoren.
Transistoren haben heute die Röhrentechnik bis auf Spezialanwendungen praktisch abgelöst und sind Ausgangspunkt für die Mikroelektrik bzw. Mikroprozessoren, Datenverarbeitung u. v. m.

BARDEEN, John,
amerik. Physiker, 23. 5. 1908
seit 1938 Prof. an der Univ. v. Minnesota, 1945 – 1951 bei den Bell Telephone Laboratories, seit 1951 Prof. an der Univ. v. Illinois

BRATTAIN, Walter Houser
amerik. Physiker, 10. 2. 1902 Amoy (China), seit 1929 bei den Bell Telephone Laboratories, ab 1967 Prof. in Walla Walla (Wash.)

SHOCKLEY, William Bradford,
engl.-amerik. Physiker, 13. 2. 1910 London, arbeitete bei den Bell Telephone Laboratories, ab 1963 Prof. an der Stanford-Univ.

Bardeen J., und Brattain, W. H., *Phys. Rev.* **74**, 230, 231 (1948)
Bardeen J., und Brattain, W. H., *Phys. Rev.* **75**, 1208 (1949)
Shokley, W. B., *Bell Syst. Tech. J.* **28**, 435, 2931 (1949)
Lit.: [6b, 22b, 22d, 28, 53, 74, 75, 91, 92]

Transport-Effekte A

(Kinetische Effekte)
Unter diesem Begriff werden eine Vielzahl von irreversiblen Phänomenen zusammengefaßt, die eine Beschreibung mit einer kinetischen Theorie der Materie zulassen.
Hierzu gehören Viskosität, Wärmeleitung, → Diffusions-Effekte
→ Thermomechanischer Effekt, Druck-Effekt, → Diffusionsthermo-Effekt, → Knudsen-Effekt, → thermische Effusion, → Ludwig-Soret-Effekt, elektrische Leitfähigkeit, → galvanomagnetische-Effekte, → thermomagnetische Effekte, → thermoelektrische Effekte, → Radiometer-Effekt.
Die Phänomene lassen sich durch eine Modifikation der Boltzmannschen Transportgleichung, die den unterschiedlichen Aufgabenstellungen angepaßt wird, beschreiben. Als → Kreuz-Effekte werden die Kopplungen mehrerer Transport-Effekte bezeichnet.

Lit.: [20]

Transversaler Doppler-Effekt

→ Optischer Doppler-Effekt

Transversaler Sperrschicht-Photo-Effekt → Sperrschicht-Photo-Effekt

Tribolumineszenz → Lumineszenz-Effekte

Trouton-Noble-Versuch (1903) R

Unter der Voraussetzung, daß das Galileische Relativitätsprinzip und die Elektrodynamik gültig sind, muß ein sich bewegender Dipol auf sich selbst ein Drehmoment ausüben. Die Bewegung eines geladenen Plattenkondensators zeigt kein auftretendes Drehmoment, was mit den Ergebnissen der speziellen Relativitätstheorie von Einstein übereinstimmt. Daher kann in der Elektrodynamik das Galileische Relativitätsprinzip nicht richtig sein. Die Lorentztransformation liefert die richtigen Ergebnisse. Hier werden Raumkoordinaten und Zeit gleichwertig behandelt und die Konstanz der Lichtgeschwindigkeit berücksichtigt.

TROUTON, Frederik Thomas, engl. Physiker, 1863 – 21. 9. 1922

Trouton, F. T., und Noble, H. R., *Proc. R. Soc.* **72**, 132 (1903)
Trouton F. T., und Noble, H. R., *R. Soc. London, Philos. Trans.* **202**, 18 (1904)
Lit.: [40]

Tscherenkow-Effekt → Čerenkov-Effekt

Tunnel-Effekt (1928) AQ I

(quantenmechanischer Tunnel-Effekt)
Nach der klassischen Physik kann ein Teilchen einen Potentialberg endlicher Höhe und Dicke nicht durchdringen. Nach den Gesetzen der Quantenmechanik gibt es nun für das Teilchen eine genau angebbare Wahrscheinlichkeit für das „Durchtunneln" des Potentialberges. Dies kommt dadurch zustande, daß die Wellenfunktionen des Teilchens sich stetig im Potentialberg und im Außenraum fortsetzen müssen. Dadurch erhält das Teilchen eine Aufenthaltswahrscheinlichkeit im Potentialberg, die mit zunehmender

Dicke des Berges abnimmt. Wegen des Welle-Teilchen-Dualismus gilt dies auch für Wellen.
Der Tunnel-Effekt liefert eine elementare Erklärung für den α-Zerfall von Atomkernen (Gamow, Condon u. Gurney) und ist von großer Bedeutung für Halbleiterbauelemente, wie Tunneldioden, Zenerdioden usw.
In der Akustik und im optischen Bereich läßt sich ein „Tunneln" von Wellen beobachten, ebenso bei der Supraleitung.
(→ Goos-Hähnchen-Effekt, → Schoch-Effekt, → Josephson-Effekte, → Elektronen-Tunnel-Effekt, → Zener-Effekt, → Avalanche-Effekt)

GAMOW, George Anthony, russ.-amerik. Physiker, 4. 3. 1904 – 19. 8. 1968,
seit 1934 Prof. in den USA

Gamow, G., *Z. Phys.* **51,** 204 (1928)
Gurney, R. W., und Condon, E. U., *Phys. Rev.* **33,** 127 (1929)
v. Laue, M., *Z. Phys.* **52,** 726 (1928)
Lit.: [3, 6d, 7, 9, 16, 17, 38 Bd. III, 49, 50 Bd. IV, 3, 66, 70 Bd. II]

Tyndall-Effekt (1869) Str

(Tyndall-Phänomen)
Beim Durchgang von Licht durch trübe Lösungen wird das Licht an den Molekülen bzw. Teilchen gestreut. Da die Schwankungen der Molekülzahl und die Wärmebewegung der Moleküle unabhängig voneinander sind, ist die Streustrahlung inkohärent. Wie bei der → Rayleigh-Streuung findet man, daß die Intensität des Streulichtes umgekehrt proportional der vierten Potenz der Wellenlänge ist: Der kurzwellige Anteil am Streulicht ist größer als der längerwellige. Das herausgestreute Tyndall-Licht ist also „bläulicher", während das durch den streuenden Körper weiter hindurchtretende Licht immer „rötlicher" wird. Aus der Polarisation des Streulichtes kann z. B. auf die Anisotropie der Moleküle in der Lösung geschlossen werden (→ Rayleigh-Streuung, → Mie-Effekt). Ebenso wie die Rayleigh-Streuung läßt sich der Tyndall-Effekt aus der Mieschen Theorie der Streuung von Licht an Kugeln ableiten.

TYNDALL, John, ir. Physiker,
20. 8. 1820 – 4. 12. 1893,
seit 1853 Prof. in London

Tyndall, J.: *Das Licht: Sechs Vorlesungen.* Vieweg & Sohn, Braunschweig 1895.
Farday, M., *Philos. Mag.* **14,** 512 (1857)
Tyndall, J., *Proc. R. Soc. [London]* **17,** 223 (1869)
Lord Rayleigh, Strutt, J. W., *Philos. Mag.* **41,** 107, 274, 447 (1871)
Lit.: [6c] [75]

Übergangs-Effekt → Paschen-Back-Effekt

Überhitzungs-Effekt

→ Unterkühlungs-Effekt

Übler-Effekt Stö

In einer beschleunigten Strömung einer viskoseelastischen Flüssigkeit bleiben Blasen oder Schwebekörper stehen, wenn sich die Flüssigkeit durch ein sich verengendes Rohr bewegt. Die Ursache liegt in dem Wirken von sekundären Normalspannungen.

Uehling-Effekt (1935) AQ II

Hierunter versteht man die Abweichung des elektrostatischen Potentials einer Punktladung vom Coulomb-Potential als Folge der Vakuumpolarisation.

UEHLING, Edwin Albrecht, am. Physiker, 27. 01. 1901
Prof. an der University of Washington

Umweganregung → Renninger-Effekt

Unterkühlungs-Effekt S

(Überhitzungs-Effekt)
Der Übergang vom normalleitenden in den supraleitenden Zustand im Magnetfeld wird als Umwandlung erster Ordnung bezeichnet. Unter Umständen läßt sich die Probe unter die kritische Temperatur abkühlen, ohne daß sofort Supraleitung eintritt: Unterkühlungs-Effekt.
Für reines Aluminium und Indium ist dieser Effekt beträchtlich groß.
Das umgekehrte Phänomen, das Überschreiten der kritischen Temperatur, wird als Überhitzungs-Effekt bezeichnet.
Lit.: [11]

Valenz-Effekt S

Hierunter versteht man die Verschiebung der Übergangstemperatur eines Supraleiters in Abhängigkeit von der Konzentration eingebauter Störatome. Diese stellen nicht nur freie Elektronen zur Verfügung, sondern verändern auch das

Grundgitter. Die dadurch entstehenden mechanischen inneren Spannungen führen zu einer starken Abhängigkeit der kritischen Temperatur von Störatomen.
Lit.: [11]

Varistor-Effekt HB

Gesintertes Silizium-Carbid zeigt einen nichtlinearen, spannungsabhängigen Widerstand (Varistor-Effekt), der auf der Ausbildung mikroskopisch kleiner, gegeneinandergepolter Sperrschichten beruht. Die Strom-Spannungs-Charakteristik ist deswegen symmetrisch.
Der Effekt wird in Varistoren ausgenützt, die heute aus Zink-Oxid hergestellt und zur Spannungsstabilisierung bzw. als Überspannungsableiter verwendet werden.
Lit.: [91]

Vektor-Effekt

→ Photo-Effekte, Selektiver Photo-Effekt

Verdeckungs-Effekt Me

Das Ohr empfindet höhere Frequenzen schwächer, wenn ein Ton oder ein Schmalbandrauschen niedrige Frequenz zusätzlich auf das Ohr einwirkt. Der Effekt wird umso stärker, je lauter der verdeckende Ton ist und je dichter die verdeckten Frequenzen bei diesem Ton liegen.
Lit.: [76] [85]

Verdrängungs-Effekt

→ Meissner-Effekt

Verdünnungs-Effekt

→ Rotverschiebung

Verwandlungs-Effekt

→ Paschen-Back-Effekt

Villari-Effekt (1865) Mm

Villari entdeckte 1865, daß ein longitudinaler Zug bei Eisen bzw. bei ferromagnetischen Materialien die Magnetisierung in schwachen Feldern erhöht, in starken dagegen vermindert. Die Erscheinung hängt eng damit zusammen, daß sich Eisen beim Magnetisieren in schwachen Feldern in Magnetisierungsrichtung verlängert, in starken wieder verkürzt. Die Ursache ist, daß ein Eisenkristall in der tetragonalen Richtung eine positive Magnetostriktion besitzt, in Richtung der Raumdiagonalen aber eine größere negative Magnetostriktion, so daß die → Magnetostriktion (Joule-Effekt) im Mittel über alle Kristallrichtungen noch negativ ist. Stoffe, die eine positive Magnetostriktion haben, vergrößern ihre Permeabilität unter dem Einfluß eines Längszuges, und umgekehrt.

VILLARI, Emilio,
it. Physiker, 25. 9. 1836 (Neapel) – 20. 8. 1904 (Neapel)
Villari, E., *Ann. Phys. Chem.* **126**, 87 (1865)
Lit.: [4] [26] [50 Bd. IV, 4] [76]

Violettverschiebung

→ Gravitative Frequenzverschiebung

Volta-Effekt (1801) EM

Zwischen zwei verschiedenen Leitern tritt eine Kontaktspannung auf (nach Schottky: *Galvanispannung*). Die verschiedenen Metalle bilden eine Spannungsreihe, die in der Tabelle unten aufgeführt ist. Die Ursache liegt darin, daß die Elektronen im Metall bis zur Fermi-Energie alle Energieniveaus besetzen. Werden zwei verschiedene Metalle in nahen Kontakt gebracht, so können vom Metall mit der höheren Fermi-Energie (und damit niedrigen Austrittsarbeit) Elektronen durch den Tunnel-Effekt in das andere Metall gelangen, aber keine in umgekehrter Richtung, da alle Energieniveaus besetzt sind. An der Kontaktstelle „verbiegen" sich die Energieniveaus so, daß sie sich angleichen.

Tabelle 14. Voltasche Spannungsreihe

+ Zn, Pb, Sn, Fe, Cu, Ag, Pt, C –

VOLTA, Alessandro Guiseppe Antonio Anastasio Graf,
it. Physiker, 18. 2. 1745 – 5. 3. 1827, Prof. in Como u. Pavia
Volta, A., *Philos. Trans. R. Soc.* **90**, 403 (1800)
Volta, A., *Philos. Mag.* **7**, 289 (1800)
Volta, A., *Ann. Phys.* **10**, 421 (1802)
Volta, A., *Ann. Phys.* **12**, 497 (1803)
Volta, A., *Ann. Phys.* **14**, 257 (1803)
Volta, A., *Ges. Werke: Collezione dell' Opere del Cavaliere Conte Alessandre Volta,* Comasco, Firenze 1816.
patricio
Varney, R. N., undFischer, L. H., *Phys. Unserer Zeit* **9**, 107, 156 (1978)
Lit.: [50 Bd. IV, 1] [55]

Volumen-Effekt A

Ein im Volumen von Festkörpern stattfindender Effekt, der unmittelbar auf den Eigenschaften des Materials beruht, heißt Volumen-Effekt. Im Gegensatz dazu stehen Oberflächen-Effekte, wie der Photo- oder lichtelektrische Effekt oder Effekte an Übergängen.
Z. B. ist der → Gunn-Effekt ein Volumen-Effekt.
Im Englichen werden derartige Effekte als *bulk-effects* bezeichnet.
(→ Isotopie-Effekt)
Lit.: [74]

Void-Effekt K

Bei einem natriumgekühlten schnellen Reaktor führt ein Überhitzen (Sieden) des Kühlmittels zur Erhöhung der Reaktivität. Durch die entstehenden Hohlräume (voids) wird die Struktur des Materials in elektrischer, mechanischer, optischer und thermischer Hinsicht geändert.
Lit.: [90]

Voigt-Effekt (1898) Mo

Beim Voigt-Effekt handelt es sich um die auf der Elektronenbewegung beruhende *anomale magnetische Doppelbrechung.* Man kann ihn als Gegenstück zum → Faraday-Effekt bei transversaler Beobachtung ansehen. Er ist sehr schwach ausgeprägt und nur in der Nähe von scharfen, intensiven Spektrallinien in Emission, z. B. der Na-Linien, zu beobachten.
Voigt konnte den Effekt an einer Natriumflamme nachweisen, die sich in einem starken Magnetfeld befand. Der Effekt ist proportional dem Quadrat der magnetischen Feldstärke.
VOIGT, Woldemar,
dt. Physiker, 2. 9. 1850 – 13. 12. 1919, Prof. in Königsberg u. Göttingen
Voigt, W., *Gött. Nachr.* **355** (1898)
Voigt, W., *Wiedem. Ann.* **67**, 359 (1899)
Lit.: [22c, 50 Bd. II, 2.2, 75, 76]

Wanderungshemmung

→ Brems-Effekte

Wasserfallelektrizität

→ Lenard-Effekt (1892)

Wechselfeld-Lumineszenz

→ Destriau-Effekt

Wechselstrom-Gleichstrom-Effekt

→ Lenard-Effekt (1890)

Wertheim-Effekt

→ Wiedemann-Effekt

Weißenberg-Effekt Stö

In nicht-Newtonschen Flüssigkeiten treten als Folge der Elastizität Normalspannungen auf. In zwei zentrischen Zylindern steigt bei Rotation des inneren Zylinders eine Flüssigkeit entgegen der Zentrifugalkraft am inneren Zylinder hoch.
WEISSENBERG, Karl,
östr. Physiker, 10. 6. 1893 Wien, später (nach 1933) England
Lit.: [78]

Widerstands-Effekt

→ galvanomagnetische Effekte

Widerstands-Druck-Zug-Effekt EM

Metallische Leiter ändern bei allseitiger Druckerhöhung ihren elektrischen Widerstand. Die meisten Metalle zeigen eine Abnahme des Widerstandes mit steigendem Druck. Durch die Kompression werden die Metallatome einander genähert, wodurch ihre Bindungskräfte an die Ruhelagen anwachsen. Die Vorstellung, daß der elektrische Widerstand bei höheren Temperaturen durch die Wärmeschwingung der Metallatome hervorgerufen wird, führt zu einer qualitativen Deutung der Abnahme des Widerstandes mit wachsendem Druck.
Lit.: [76]

Wiedemann-Effekt (1858) Mm

(Zirkularer Magnetostriktions-Effekt)
Bringt man einen ferromagnetischen Draht in ein longitudinales Magnetfeld und schickt zugleich einen Strom hindurch, welcher in ihm ein zirkulares Magnetfeld erzeugt, so entsteht eine schraubenförmig verteilte Magnetisierung: Das zirkulare Magnetfeld des Stromes und das longitudinale magnetische Feld überlagern sich in jedem Punkt der Probe.
Wiedemann entdeckte, daß sich der Draht dabei als Folge der Magnetostriktion tordiert. Die Umkehrung wird auch als *Wertheim-Effekt* (1852) bezeichnet.

Wenn die Probe tordiert wird, entsteht an den Enden der Probe im longitudinalen Magnetfeld eine Spannung.

WIEDEMANN, Gustav Heinrich,
dt. Physiker, 2. 10. 1826 – 23. 3. 1899, zuletzt (seit 1871) Prof. in Leipzig

Wiedemann, G., *Ann. Phys. Chem.* **117**, 193 – 217 (1862)
Wiedemann, G., *Pogg. Ann.* **103**, 571 (1858)
Wiedemann, G., *Pogg. Ann.* **106**, 161 (1859)
Wertheim, A., *C. R.* **35**, 702 (1852)
Wertheim, A., *Ann. Chim. Phys.* **50**, 385 (1857)
Lit.: [6b] [26] [50 Bd. IV, 4]

Wiegand-Effekt EM

Erzeugt man in einem ferromagnetischen Draht eine Inhomogenität wie in einer Glasfaser – weichmagnetischer Kern umschlossen von einem hartmagnetischen Mantel – so erhält man ein bistabiles magnetisches Element. Durch eine geeignete mechanische und thermische Belastung erreicht man, daß Kern und Mantel entgegengesetzte Magnetisierung haben. In einem äußeren Magnetfeld läßt sich die Magnetisierung des Kernes umkehren. Die sprunghafte Änderung der magnetisierung kann man durch eine Induktionsspule nachweisen. Man erhält zwei Werte für das externe Magnetfeld, bei denen die Magnetisierung des Kernes jeweils ihre Richtung ändert.

Man verwendet z. Z. Legierungen, die z. B. 52% Kobalt, 38% Eisen und 10% Vanadium enthalten (Vicalloy). Bei einem Drahtdurchmesser von 0,3 mm, einer Länge von 30 mm und einer Induktionsspule von 2600 Windungen erhält man Spannungsamplituden von etwa 8 V.

Der genaue Mechanismus ist noch nicht restlos geklärt. Man bezeichnet Drähte mit diesen Eigenschaften nach ihrem Entdecker als *Wiegand-Drähte.* Mit einem Wiegand-Draht und Spule lassen sich Magnetfeld-Sensoren herstellen, die ohne Spannungsversorgung auskommen und leicht zu verarbeitende Signale abgeben. Allerdings läßt sich nur eine Ja-Nein-Aussage gewinnen.

Das mögliche Anwendungsspektrum reicht von Kfz-Zündanlagen, Tachometern, Durchflußmessern bis zu Sicherheitsausweisen.

Dance, B., *Funkschau,* Heft **8**, 78 (1980)
Gevatter, H. J., und Meri, W. A., *rtp* **22**, Heft **3**, 81 – 85 (1980)
Lit.: Kuers, G., und Waldhauer, G., *Elektronik,* Heft **7**, 43 (1980)

Wien-Effekt (1927) El

(Feldstärke-Effekt, Spannungs-Effekt)

Die elektrische Leitfähigkeit starker Elektrolyten nimmt bei hohen Feldstärken ($10^4 - 10^5$ Vcm^{-1}) monoton mit der Feldstärke zu. Sie nähert sich bei sehr hohen Feldstärken asymptotisch dem Grenzwert der Leitfähigkeit für unendliche Verdünnung.

Da die Wanderungsgeschwindigkeit der Ionen dann etwa 10 cm s^{-1} erreicht, können sich die Ionenwolken nicht mehr ausbilden. Daher nehmen die → Brems-Effekte ab. Die Ionen bewegen sich schließlich unabhängig voneinander.

WIEN, Max, dt. Physiker,
25. 12. 1866 – 24. 2. 1938,
Prof. in Aachen, Danzig u. Jena

Wien, M., *Ann. Phys.* (4) **83**, 327 (1928)
Wien, M., *Ann. Phys.* (4) **85**, 765 (1928)
Lit.: [50, Bd. IV, 4]

Wigner-Effekt K

Die physikalischen Eigenschaften von Graphit werden im Reaktorbetrieb durch schnelle Neutronen verändert. Hierbei wird das Gitter, welches hohe Energiebeträge aufnehmen kann, gestört. Diese Energie kann beim Übergang zum Grundzustand dann wieder freigesetzt werden.

WIGNER, Eugene Paul, ung.-amerik. Physiker,
17. 11. 1902 Budapest, seit 1930 Prof. in Princeton
Lit.: [72]

Wijnsche Nachwirkung

→ magnetische Nachwirkung

Winslow-Effekt

→ Johnson-Rahbeck-Effekt

Wirbelstrom-Effekte

→ Aragoscher Versuch, → Haut-Effekt

Zeeman-Effekt (1896) Mo

Einfache Spektrallinien spalten in schwachen Magnetfeldern in Tripletts auf, was sich durch die Larmorpräzession der Elektronen erklären läßt. Beim transversalen Effekt *(Quer-Effekt)*

wird senkrecht zum Magnetfeld beobachtet, und man findet neben der unverschobenen Linie rechts und links eine neue Linie, die rechts- und links-zirkular polarisiert sind.
Beim longitudinalen Effekt *(Längs-Effekt)* wird parallel zum Magnetfeld beobachtet, und man erhält zwei gegenüber der ursprünglichen Linie symmetrisch verschobene zirkular polarisierte Linien.
Der bei einfachen Linien, wie z. B. bei denen des Wasserstoffs, auftretende Zeeman-Effekt wird als *normaler Zeeman-Effekt* bezeichnet. Bei allen Mehrfachlinien wird der *anomale Zeeman-Effekt* beobachtet, dessen Linienaufspaltung wesentlich komplizierter ist.
Angewendet wird der Zeeman-Effekt in der Astronomie, wo man über die Aufspaltung der Spektrallinien Aussagen über das Magnetfeld des Sternes erhält. Bei starken Magnetfeldern geht der Zeeman-Effekt in den → Paschen-Back-Effekt über.
In Festkörpern läßt sich ebenso wie beim Stark-Effekt unter bestimmten Bedingungen auch ein Zeemann-Effekt nachweisen.

ZEEMAN, Pieter, niederl. Physiker,
25. 5. 1865 – 9. 10. 1943,
seit 1900 Prof. in Amsterdam

Zeeman, P., *K. Ned. Akad. Wet. Versl. Gewone Vergad. Afd. Natuurkd.* 6, 13, 99, 260 (1897)
Sommerfeld, A., *Phys. Z.* **17,** 491 (1916)
Debye, P., *Phys. z.* **17,** 512 (1916)

Lit.: [3, 6c, 6d, 17, 22c, 27, 41, 50 Bd. II, 2.2, 66, 69, 70 Bd. II], *Lexik.* [90] [93]

Zeeman-Effekt, inverser — Mo

Befindet sich ein absorbierendes Medium im Magnetfeld, so zeigen die Absorptionslinien einen Zeeman-Effekt, der dem Emissions-Effekt ganz entspricht.
Als Folge des inversen Zeeman-Effektes tritt in der Nähe von Absorptionslinien eine anomal große magnetische Doppelbrechung auf.
Der inverse Zeeman-Effekt wird vor allem an den seltenen Erden (Cerbium, Lanthan, Neodym, Praseodym usw.) beobachtet. Die Aufspaltung der Linien kann in anisotropen Kristallen sehr kompliziert werden.

Lit.: [50 Bd. II, 2.2]

Zeit-Effekte — R

(Hafele-Keating Experiment 1971)
Bei diesem Experiment handelt es sich darum, die aus der speziellen und allgemeinen Relativitätstheorie folgenden Zeitdilatationen zu messen. Dies war erst mit Atom-Uhren möglich, die eine Ganggenauigkeit besser als 10^{-11} haben.
Hafele und Keating flogen mit vier Atomuhren an Bord eines Flugzeuges in östlicher und westlicher Richtung und verglichen ihre „Bord"-Uhren mit einer stationären Normaluhr vor und nach dem Flug. Die Übersicht enthält die Ergebnisse.

	theoretisch Gravitation ns	theoretisch Geschwindigkeit ns
Westflug	179 ± 18	96 ± 10
Ostflug	144 ± 14	− 184 ±
	theoretischer Gesamt-Effekt ns	**experimenteller Gesamt-Effekt ns**
Westflug	275 ± 21	273 ± 7
Ostflug	− 40 ± 23	− 59 ± 10

Die relativistischen Zeit-Effekte werden durch das Experiment bestätigt.

Lit.: [59]

Zener-Effekt (1934) — HB

Steigert man bei einem pn-Übergang die Sperrspannung, so kommt es zu einer Verkippung von Leitfähigkeits- und Valenzband. Dies hat zur Folge, daß durch den → Tunnel-Effekt Elektronen aus dem Valenzband in das Leitfähigkeitsband gelangen können. Es kommt zu einem starken Ansteigen des Stromes. Der Zener-Effekt wird in Zener-Dioden zur Stromstabilisierung verwendet.
Bei höheren Spannungen geht der Zener-Durchbruch in einen Lawinendurchbruch über.
Der Zener-Effekt gehört zur Gruppe der → Hochfeld-Effekte im Halbleiter.

→ Avalanche-Effekt, → Gunn-Effekt

Zener, C., *Proc. R. Soc. London Ser. A* **145,** 523 (1934)

Lit.: [83, 84, 85, 91, 92]

Zirkularer Magnetostriktions-Effekt
→ Wiedemann-Effekt

Zwei-Weg-Form-Gedächtnis-Effekt
→ Memory-Effekt

Zyklotron-Resonanz-Effekt
→ Azbel-Kaner-Effekt

Anhang zum lexikalischen Teil

Randgebiete und besondere Effekte

Aufzehr-Effekt

(Getterung, clean-up-Effekt)
Hierunter versteht man die Anlagerung von Ionen an die Wand oder sonstige Teile eines Gerätes, in dem die Ionen im Vakuum erzeugt werden.
Der Effekt wird zur Erzeugung von Hochvakuum verwendet: Zur Abkürzung des Pumpprozesses bei der Röhrenherstellung sowie zur Aufrechterhaltung des Vakuums (trotz geringer Gasabgabe von den Elektroden) in abgeschmolzenen Röhren macht man sich die Eigenschaft verschiedener Stoffe zunutze, Gase in erheblichen Mengen durch Adsorption, Absorption oder chemisch binden zu können. Stoffe mit dieser ausgeprägten Eigenschaft bezeichnet man als „Getter" (von to get = ergreifen) und den Vorgang der Gasbindung als „Gasaufzehrung" oder „Getterung". Neben den Getterstoffen werden zur Aufzehrung von Dämpfen gekühlte Oberflächen und speziell zur Aufzehrung von Wasserdampf Trockenmittel verwendet.

Dunkel-Effekt

Ein bei Photozellen auftretender störender Effekt, der bei Messung kleinster Lichtintensitäten aufgrund der thermischen Bewegung der Elektronen zustande kommt.

Dynatron-Effekt

Hierunter versteht man das Auftreten einer fallenden Stromspannungskennlinie infolge Sekundäremission einer Elektrode, die auf einem niedrigeren Potential liegt als die in der Bewegungsrichtung der Primärelektronen vorhergehende Elektrode. Elektronenröhren, die den Dynatron-Effekt zur Erzeugung von Schwingungen ohne Kopplung ausnutzen, nennt man Dynatrons. Sie haben keine technische Bedeutung mehr.

Emissions-Drift-Effekt von Elektronenröhren

Hierunter versteht man die mit Frequenzen unter 0,1 Hz verlaufende Emissionsänderung von Elektronen bei Oxidkathoden in Röhren.

Flacker-Effekt

Einzelne Oberflächenelemente einer Photokathode verlagern sich laufend mehr oder weniger, d. h. spontan um, so daß sich der Mittelwert der gesamten Oberflächenemission entsprechend spontan ändert. Dies macht sich bei der Verstärkung in Krach- und Knackgeräuschen bemerkbar. Der Flacker-Effekt muß vom Schrot-Effekt unterschieden werden. Mit dem Flacker-Effekt verwandt ist der Funkel-Effekt an Glühkathoden.

Malter-Effekt

Hierunter versteht man eine Aufladungserscheinung in Zählrohren, die mit Leichtmetallkathoden versehen sind. Der Effekt führt zu einer Nachentladung, die Fehlimpulse auslöst, so daß die Zählrate verfälscht wird.

Mikrophon-Effekt

Mechanische Schwingungen der Bauteile einer Röhre können den Elektronenstrom in der Röhre modulieren. Durch akustische Rückkopplung, z. B. durch den Lautsprecher, kann Selbsterregung eintreten, die sich durch Pfeifen bemerkbar macht.

Miller-Effekt

Schaltet man einen Ladekondensator zwischen Gitter und Anode, entsteht bei einem Anstieg der Gitterspannung an der Anode ein Spannungsabfall. Ändert man die Spannung zwischen Gitter und Kathode, so entsteht am Ladekondensator eine $(1 + V)$-mal größere Spannungsänderung (V Verstärkung dieser Verstärkerstufe.
Der Miller-Effekt beeinflußt von sich aus nicht die Linearität des Spannungsanstieges. Man muß lediglich kleinere Kapazitäten anwenden, um eine befriedigende Spannungsamplitude zu erhalten.

Pätow-Effekt

In mit Edelgasen gefüllten Zählrohren kommt es zu Nachentladungen, weil die metastabilen Anregungszustände Sekundärelektronen auslösen können. Hierdurch entstehen Fehlimpulse.

Phototelektrischer Dunkel-Effekt

Durch Kriechströme, Sperrströme und thermische Effekte werden in Photozellen Dunkelströme erzeugt, die sich störend bemerkbar machen.

S-Effekt

Störungen in Endpentoden für hohe Anodenwechselspannungen, die durch sprunghafte Aufladungen von Isolatoren in einer Elektronenröhre bei Auftreffen von Primärelektronen, z. B. auf der Innenfläche des Glaskolbens, auftreten.

Stoletov-Effekt

Der Photostrom einer gasgefüllten Photozelle ist bei konstanter Spannung und konstanter Belichtung vom Gasdruck abhängig. Mit dem schrittweisen Einlassen von Edelgasen in eine Vakuumzelle steigt zunächst der Photostrom und damit mit wachsendem Druck die Zahl der ionisierenden Stöße von Elektronen auf Atomen. Beim Überschreiten eines gewissen Druckes nimmt der Photostrom wieder ab, weil wegen der dann wieder abnehmenden mittleren freien Weglänge der Elektronen die Ionisation ebenfalls abnimmt.

Belichtungs-Effekte

Albert-Effekt

Der Albert-Effekt ist wie der Debot-Effekt ein Belichtungseffekt. Zerstört man durch Chromsäure die Entwicklungskeime an der Oberfläche einer belichteten photographischen Schicht, so kann man durch erneute Belichtung eine Bildumkehr erzielen.

Becquerel-Effekt

Durch diffuse Beleuchtung wird unsensibilisiertes Silberhalogenid im längerwelligen Bereich empfindlich. Der Kontrast kann z. B. bei Röntgenbildern auf das 4- bis 5-fache gesteigert werden.

Cabannes-Hofmann-Effekt

Belichtet man eine photographische Schicht lange mit geringer Beleuchtungsstärke, so kommt Schichtschwärzung beim Entwickeln schneller, als wenn mit gleicher Lichtmenge, jedoch kürzer und mit höherer Intensität belichtet wurde. Die endgültige Dichte der Schwärzung ist in beiden Fällen gleich.

Clayden-Effekt

Wird eine durch einen kurzen Blitz belichtete photographische Schicht nachbelichtet, so kommt es oft zu einer Verringerung der Schwärzung. („Schwarze Blitze" bei Gewitteraufnahmen). Die Umkehrung einer Röntgenaufnahme durch normales Licht wird als Villard-Effekt bezeichnet.

Debot-Effekt

Werden bei einer belichteten photographischen Emulsion die Oberflächenkeime durch Chromsäure entfernt, so läßt sich das Bild durch Belichtung mit infrarot wieder gewinnen, da hierdurch Keime aus dem Inneren der Schicht an die Oberfläche gelangen.

Herschel-Effekt

Das latente Bild in einer normalerweise nicht rotempfindlichen photographischen Schicht kann durch Belichten mit rotem Licht (teilweise) zerstört werden.

Intermittenz-Effekt

Das Talbotsche Gesetz sagt aus, daß das Auge bei durch Dunkelpausen getrennten Lichtreizen den gleichen Helligkeitseindruck erhält, als wenn die Summe der Lichtreize bei niedrigerer Intensität gleichmäßig verteilt wäre. Bei photographischen Schichten kommt es zu einer Verringerung der Schwärzung, wenn die Zahl der Unterbrechungen pro Sekunde sehr hoch ist *(Intermittenz-Effekt).*

Schwarzschild-Effekt

Hierunter versteht man die Abweichung der Schwärzung einer photograpischen Schicht vom Reprozitätsgesetz bei langer Belichtung und hohen Lichtintensitäten.

Weigert-Effekt

Eine seit 1919 bekannte Wirkung des Lichtes, die möglicherweise lichtelektrische Grundlage hat und deswegen bemerkenswert ist, weil der seltene Fall einer besonderen Wirkung linearpolarisierten Lichtes vorliegt. Belichtet man z. B. eine blaurote Schicht, sog. Photochlorid, d. h. eine Adsorptionsverbindung von Chlor-Silber mit metallischem Silber, wie sie entsteht, wenn Chlor-Silber-Gelatine einige Zeit im Licht liegt, mit linearpolarisiertem intensivem Licht, so werden die blauroten Schichten unter Aufhellung dichroitisch und die ausgezeichnete Richtung in der Schicht fällt mit der Schwingungsrichtung des elektrischen Vektors zusammen. Es ist derart möglich, die Polarisationsebene des Lichtes photographisch festzulegen.

Weiland-Effekt

Wird ein photographisches Material kurzzeitig sehr intensiv und anschließend mit geringer Intensität lange belichtet, so erhält man eine höhere Schwärzung als bei umgekehrter Reihenfolge. Durch die kurze, intensive Belichtung entstehen Subkeime, die anschließend zu Vollkeimen anwachsen.

Entwicklungs-Effekte

Lainer-Effekt
Durch Zusatz von Kaliumjodid zum Entwickler läßt sich die Induktionsperiode verkürzen und dadurch die Entwicklung beschleunigen: Der Grund liegt im Lösungsvermögen von Kaliumjodid für Silberbromid.

Nachbar-Effekt
Während der Entwicklung einer photographischen Schicht kann es zu einer Beeinflussung der Schwärzung durch die Schwärzung der Umgebung kommen, wenn der Entwickler nicht bewegt wird *(auch Eberhard-Effekt)*. Durch Diffusion des Entwicklers von schwach belichteten zu stark belichteten Stellen entsteht eine Veränderung des Bildaufbaues mit z. B. schärferen Kanten *(Kanten-Effekt, Saum-Effekt, Rand-Effekt)* oder unerwünschten Säumen. Die Modulationsübertragungsfunktion der Schicht wird verbessert. *(Kostinsky-Effekt)*.

Ross-Effekt (Gelatine-Effekt)
Beim Trocknen photographischer Schichten zeigen geschwärzte Partien die Tendenz zu schrumpfen, was sich störend bemerkbar macht. Man muß den Effekt bei der Auswertung von sehr unterschiedlich belichteten Platten berücksichtigen, da z. B. geschwärzte Kreise im Durchmesser kleiner werden oder Entfernungen zwischen Linien größer.
Durch Alkoholtrocknung kann der Effekt herabgesetzt werden.

Temperatur-Effekt
Die Empfindlichkeit von Silberhalegonid nimmt bei tiefen Temperaturen ab.

Weitere photographische Effekte

Callier-Effekt
Eine photographische Schicht wird von diffusem und parallelem Licht unterschiedlich stark belichtet. Die Schwärzung ist für paralleles Licht größer. Als *Callier-Koeffizienten* bezeichnet man das Schwerätzungsverhältnis parallel/diffus.

Sabattier-Effekt
Belichtet man während der Entwicklung einer belichteten photographischen Schicht erneut, so erhält man die Umkehrung des ersten Bildes. Die bereits geschwärzten Stellen wirken als Schatten bei der zweiten Belichtung.

Effekte bei Radiowellen

Dämmerungs-Effekt (Nacht-Effekt)
Während der Dämmerung und in der Nacht ändert sich die Höhe der Ionosphäre, was zu einer Beeinträchtigung von Funkverbindungen führt.

Gewitter-Effekt (Asymmetrie-Effekt)
Während eines Gewitters steigt die elektrische Feldstärke an, so daß es zu einer Beeinträchtigung im Frequenzbereich von 100 bis 3500 MHz kommt.

High-Light-Effekt
Ein Effekt bei der Ausbreitung elektromagnetischer Wellen. Wenn diese bei gleicher Frequenz aber aus unterschiedlicher Richtung mit einem Phasenunterschied von 180° an einer Peilantenne eintreffen, kann ein Peilfehler von fast 90° auftreten.

Luxemburg-Effekt
Beeinflussung der Modulation schwacher Sender durch starke beim Empfang hervorgerufene, nichtlineare Effekte in der Ionosphäre (bei Lang- und Mittelwellen, beobachtet bei Radio Luxemburg, der auf der Frequenz von Beromünster gehört werden konnte).

Mögel-Dellinger-Effekt
(Sonneneruptions-Effekt)
Kurzwellenfernverbindungen werden bei Sonneneruptionen unterbrochen, weil durch die UV-Strahlung die untere Ionosphäre ionisiert wird.

Nacht-Effekt
a) Tatsache, daß die Polarisation der Raumwellen, die nachts den Mittel- und Langwellenempfang vermitteln, ständigen oder vorübergehenden Änderungen unterworfen ist.

b) Auswirkung von a) als Peilfehler bei Funkortung. In der Anfangszeit der Funkortung noch wenig bekannt, ist er heute bei den nachteffektfreien Verfahren bereits erheblich in seinen verhängnisvollen Auswirkungen eingeschränkt.

PCA-Effekt (Polar Cap Absorption)
Bei starken Sonneneruptionen kann es über den Polargebieten aufgrund äußerst starker Ionisation der Atmosphäre zu extrem starken Dämpfungen von Funkwellen kommen, die mehrere Stunden und Tage anhalten können. Der Funkverkehr bricht dann in diesen Gebieten zusammen.

Solar-Flare-Effekt
Charakteristische Störung des erdmagnetischen Feldes, bei der sich in einigen Minuten die Deklination bis zu 10 (Winkel)-Minuten und die Horizontalintensität bis zu 50 γ ändert und anschließend etwas langsamer zum Normalwert zurückkehrt. Der Effekt tritt häufig gleichzeitig mit dem Mögele-Dellinger-Effekt auf. Eine Erklärung wird mit der Wirkung von Strömen in der D-Schicht gegeben.

Effekte bei der kosmischen Strahlung

Azimutal-Effekt
Durch das erdmagnetische Feld wird die im Kosmos isotrope Verteilung und Intensität der kosmischen Strahlung auf der Erde vom Azimut abhängig.
(Ost-West-Asymmetrie).

Barometer-Effekt
Die Absorption der kosmischen Strahlung durch die Luftschicht ändert sich mit dem am Beobachtungsort herrschenden Luftdruck.

Blanketing-Effekt
Der in den Fraunhofer-Linien absorbierte Betrag von 9% des die Photosphäre durchsetzenden Strahlungsstroms wird etwa zur Hälfte wieder zur Photosphäre zurückgestrahlt und ruft dadurch eine Temperaturerhöhung in ihren äußersten Schichten hervor. Bei Berücksichtigung dieses Effektes, der eine Art *Glashaus-Effekt* darstellt, ergibt sich eine gute Übereinstimmung der berechneten Randverdunklung der Photosphäre auf der Sonnenscheibe mit den beobachteten Werten.

Breiten-Effekt
Die Intensität der kosmischen Strahlung (Höhenstrahlung) nimmt mit der geomagnetischen Breite zu, weil das magnetische Feld der Erde in höheren Breiten stärker auf geladene Teilchen wirkt.

Dämmerungs-Effekt
Man beobachtet während der morgendlichen und abendlichen Dämmerung im Spektrum des Lichtes eine Verstärkung der gelben Natriumlinien, des roten Sauerstoffdubletts sowie eine etwas schwächere Zunahme der Emission der positiven Bande des Stickstoffs.
Eine Erklärung liefert entweder die durch ultraviolettes Sonnenlicht ausgelöste Photodissoziation oder eine optische Resonanz zwischen den Natriumatomen der gelben Strahlung der Sonne. Für die Sauerstoff- und Stickstofflinien gilt eine ähnliche Erklärung. Der Effekt spielt sich in Höhen zwischen 80 und 100 km Höhe ab.

Glashaus-Effekt
(Treibhaus-Effekt, Greenhouse-Effekt)
Hierunter versteht man die Tatsache, daß das Sonnenlicht Glas ohne große Verluste durchdringen kann, während die längerwellige Wärmestrahlung vom Glas absorbiert wird. In einem Gebäude, das wie Treibhäuser überwiegend aus Glas besteht, wird daher das Sonnenlicht durchgelassen, im Innern durch Absorption in Wärme verwandelt, was zu einer Erhöhung der Raumtemperatur führt.
Den gleichen Effekt zeigt auch die Erdatmosphäre, wobei die starke Absorptionsfähigkeit des atmosphärischen Wasserdampfes und der Kohlensäure für Wärmestrahlung eine Abstrahlung der von der Erdoberfläche gespeicherten Wärme verhindert. Wegen der starken Emission von Kohlensäure ist dieser Effekt für das empfindliche Wärmegleichgewicht auf der Erde von großer Bedeutung.
Die dichte Atmosphäre der Venus zeigt den gleichen Effekt, was zu den hohen Temperaturen auf der Venus führt.

Längen-Effekt
Der Längen-Effekt wird durch das Erdmagnetfeld hervorgerufen. Das Magnetfeld der Erde ist ein Dipolfeld, dessen Achse nicht mit der Erdachse zusammenfällt und die auch nicht durch den Erdmittelpunkt geht. Der Einfluß des Erd-

magnetfeldes auf die kosmische Strahlung ist daher abhängig von der geographischen Länge.

Nord-Süd-Effekt
Bei der kosmischen Strahlung zeigt sich ein geringer Unterschied zwischen der aus Norden und der aus Süden einfallenden. Auf der nördlichen Halbkugel ist die aus Süden einfallende Intensität etwas größer als die aus Norden kommende Intensität und umgekehrt. Der Effekt wird im Rahmen der geomagnetischen Effekte als Beeinflussung der Bahnen der Teilchen durch das Magnetfeld der Erde und speziell als Schattenwirkung der Erde gedeutet.

Übergangs-Effekt
bei der kosmischen Strahlung
Die Tatsache, daß die Absorption der Strahlung bei Variation des Absorptionsmaterials trotz Umrechnung auf äquivalente Schichten nicht so verläuft, wie sie bei gleichbleibendem Material vor sich gehen würde, wird als Übergangs-Effekt bezeichnet.

Wahrnehmungs-Effekte

Aubert-Phänomen
Als Aubert-Phänomen wird die Tatsache bezeichnet, daß einem Beobachter im dunklen Raum eine senkrechte Linie schräg erscheint, wenn er seinen Kopf seitlich neigt. Kopfneigung und Schrägstehen haben i. a. entgegengesetzte Richtung.
Bei gleicher Richtung wird dies als *E-Phänomen* bezeichnet.

Bezold-Abneysches Phänomen, Brücke-Abneysches Phänomen
Das Auge kann bei sehr geringen Leuchtdichten nur drei Farben unterscheiden; Blauviolett (380 nm – 480 nm), Grün (480 nm – 570 nm) und Rot (570 nm – 760 nm). Die Tatsache, daß keine weiteren Farben unterschieden werden können, wird als *Brücke-Abneysches Phänomen* bezeichnet.
Mit steigender Leuchtdichte können alle Farben (160 Farbtöne und 30 Purpurfarben) unterschieden werden. Eine weitere Steigerung bringt keine Unterscheidung mehr. Wird das Licht bei sehr hohen Leuchtdichten als farblos empfunden, spricht man vom *Bezold-Abneyschen Phänomen.*

Gelb-Benussi-Phänomen (τ-Phänomen)
Werden einem Beobachter drei räumlich äquidistante, auf einer Linie liegende Lichtquellen zeitlich nacheinander angeboten, so gleicht das Auge den räumlichen und zeitlichen Abstand aus: Der Beobachter sieht die Lichtreize an anderer Stelle und zu anderen Zeiten.

Emmertsches Phänomen
Hierunter versteht man die Änderung der Sehgröße von Nachbildern, wenn sich die Entfernung zwischen Projektionsfläche und Auge objektiv ändert. Die Sehgrößenänderung entspricht der Änderung der Netzhautabbildung.

Herzau-Oglesches-Phänomen
Bei ungleicher Vergrößerung in beiden Augen oder wenn korrespondierende Netzhautstellen nicht den geometrischen Stellen entsprechen, können beim stereoskopischen Sehen gleiche Figuren unterschiedlich und dadurch doppelt gesehen werden. Verschieden große gleichartige Figuren können andererseits als gleich groß wahrgenommen werden. Diese Tatsache wird als Herzau-Oglesches-Phänomen bezeichnet.

Purkinje-Effekt
Hierunter versteht man die auf dem Wechsel zwischen Tages- und Dämmerungssehen erfolgende Verschiebung der relativen Helligkeiten farbiger Lichter.

Stiles-Crawford-Effekt (Apertur-Effekt)
Bei einer Reihe von photometrischen Verfahren ist es wichtig, die örtlich merklich variable Durchlässigkeit der Augenlinse zu berücksichtigen *(Stiles-Crawford-Effekt).* Man muß Lichtquelle und Vergleichslichtquelle auf dieselbe Stelle der Pupille und gleich groß abbilden.
Werden die peripheren Teile der Pupille benutzt, so kann es zu einer Beeinträchtigung der Farbwahrnehmung kommen. *(Stiles-Crawford-Effekt zweiter Art).*

Tabellen

Tabelle 15. Allgemeine Effekte (A)

Ursache	Wirkung	Name
Unterschiedliche Struktur in verschiedenen Richtungen	Richtungsabhängigkeit von Effekten	Anisotropie-Effekte
Blenden, Schirme im optischen Strahlengang (allgemein in einer Welle)	Abweichen der Welle von der gradlinigen Ausbreitung	Beugung
Innere Nichtgleichgewichtsverteilung	Transport von Teilchen	Diffusion
Wellenlängenabhängigkeit des Brechungsindex	Änderung der Phasengeschwindigkeit, Frequenzabhängigkeit von Materialkonstanten	Dispersion
Anisotrope optische Materialien	Entstehen von senkrecht zueinander polarisierten Wellen	Doppelbrechung
elektrische und/oder magnetische Felder wirken auf Materialien	Einstellen von elektrischen/magnetischen Momenten in Richtung des Feldes	Einstell-Effekte
Überlagerung kohärenter Wellen gleicher Wellenlänge	Verstärkung bzw. Auslöschung der Wellen	Interferenz
Unterschiedliche Laufzeit von Wellen oder Teilchen	Änderung von z. B. der Impulsform	Laufzeit-Effekte
Äußere Kräfte/Felder wirken auf Körper	Zeitlich verzögerter Beginn der Wirkung	Relaxations-Effekte Nachwirkungs-Effekte
Atomare oder subatomare Teilchen bzw. deren Felder im Strahlengang von Wellen oder Teilchen	Ablenkung der Wellen oder der Teilchen aus der Ausbreitungsrichtung	Streu-Effekte, Streuung von elektromagnetischen Wellen, Streuung von Elementarteilchen, Streuung von Ladungsträgern in Festkörpern
Gepulstes Licht auf bewegte Teile	Scheinbarer Stillstand bewegter Teile	Stroboskop-Effekt
Irreversible Bewegung von Teilchen unter dem Einfluß äußerer Kräfte	Verschieden, z. B. Viskosität, Wärmeleitung, Diffusion, Leitfähigkeit usw.	Transport-Effekte
Verschiedene, z. B. elektrisches Feld	Im Volumen des Körpers, z. B. Ausbilden von Domänen	Volumen-Effekte, z. B. Gunn-Effekt

Lit.: *Lehrbücher, Lexika, Handbücher* (S. 135 f.)

Tabelle 16. Atom- und Quantenphysik I (AQ I)

Ursache	Wirkung	Name
Austausch von ununterscheidbaren Teilchen	Energieverschiebung von Spektrallinien, Absättigung von chem. Bindungen u. a.	Austausch-Effekte
Kraftwirkung zwischen Moleküldipolen	Beitrag zu den van der Waalschen Kräften	Dipol-Effekt (Richt-Effekt)
Elektronenbewegung	Fluktuierende Atom-/Moleküldipole	Dispersions-Effekt
Kraftwirkung zwischen Moleküldipolen bei höheren Temperaturen	Zusätzliche elektrische Momente	Induktions-Effekt
Verschiedene Isotope	Änderung des Spektrums	Kopplungs-Effekt
Gegenseitige Beeinflussung von leuchtenden Gasatomen	Verschiebung der Niveaus	Kopplungs-Effekt
Bewegung des Kerns	Änderung der Bindungsenergie der Elektronen	Mitbewegungs-Effekt
Störung der Elektronenverteilung eines Molekülbandes durch z. B. äußere Felder	Ausbreitung der Störung durch den Molekülverband	Substituenten-Effekt (Störausbreitungs-Effekt (I-,) Induktions-, (F,-) Feld-Effekt, mesomerer Effekt)
Wirkung des Kernpotentials auf die Gammastrahlung in Kernnähe	Auftreten von Elektron-Positron-Paaren	Paarbildungs-Effekt
Eintauchen eines Elektrons in den Atomrumpf	Änderung der Bindungsenergie der Elektronen	Tauch-Effekt
Bewegung eines Teilchens im Potentialtopf	Durchtunneln der Potentialschwelle	Tunnel-Effekt

Lit. s. S. 135f., insbesondere: [3, 6d, 7, 17, 22d, 38 Bd. III, 41, 46, 60, 66, 70 Bd. II, 79, 90]

Tabelle 17. Atom- und Quantenphysik II (AQ II)

Ursache	Wirkung	Name
Innere Absorption von Strahlung in der Atomhülle oder im Festkörper	Auftreten charakteristischer Elektronen	Auger-Effekt, innere Photoionisation, innerer Photo-Effekt
Durchgang von schnellen geladenen Teilchen durch ein Dielektrikum	Auftreten eines charakteristischen Strahlungskegels im blauen Spektralbereich	Cerenkow-Effekt (Tscherenkov)
Streuung von Röntgenstrahlen an Elektronen in Materie	Vergrößerung der Wellenlänge der Streustrahlung	Compton-Effekt
Absorption von zirkular polarisiertem Licht an Alkali-Atomstrahlen	Auftreten spin-polarisierter Elektronen	Fano-Effekt
Nicht-verschwindende Ladungsverteilung im Neutron	Wechselwirkung eines elektrischen Feldes im Neutron mit den Hüllenelektronen	Foldy-Effekt
Optischer Übergang bei Atomen/Molekülen	Praktisch keine Änderung der Kernabstände und Impulse der Atome/Moleküle	Franck-Condon-Prinzip
Stoßanregung von Quecksilberatomen mit Elektronen in einer Röhre	Charakteristische Strom-Spannungskennlinie mit Sprüngen bei Vielfachen der Anregungsenergie	Franck-Hertz-Versuch
Vakuumpolarisation von Elektronen	Verschiebung der Spektrallinien	Lambshift (Bethe-Effekt)
Auftreffen von neutralen Atomen auf heiße Metalloberflächen im Vakuum	Entstehen von Ionen der Atome	Langmuir-Effekt
Stoß niederenergetischer Photonen mit γ-Quanten	Erzeugung von Elektron-Positron-Paaren	Nikischow-Effekt
Streuung langsamer Elektronen an Edelgas-Atomen	Abnahme des Wirkungsquerschnittes	Ramsauer-Effekt
Laserlicht wirkt auf aromatische Moleküle bei tiefen Temperaturen	Charakteristische schmale Fluoreszenzlinien	Schpolski-Effekt
Inhomogenes Magnetfeld wirkt auf Atomstrahlen	Aufspaltung des Atomstrahles	Stern-Gerlach-Versuch (Stern-Gerlach-Effekt)
Vakuumpolarisation	Abweichen des elektrostatischen Potentials einer Punktladung vom Coulombpotential	Uehling-Effekt

Lit. s. S. 135f., insbesondere: [3, 6d, 7, 17, 22d, 41, 46, 60, 66, 70 Bd. II, 78, 79, 90]

Tabelle 18. Astronomie (As)

Ursache	Wirkung	Name
Expansion des Weltalls	Sternsysteme entfernen sich von uns	Nebelflucht
Nebelflucht	Rotverschiebung der Spektrallinien wächst linear mit Entfernung	Hubble-Effekt
Rotverschiebung	Abnahme der Frequenz des Lichtes und damit der Energie der Photonen	Energie-Effekt
Astron. Objekt entfernt sich vom Beobachter	geringere Helligkeit	Anzahl- oder Verdünnungs-Effekt

Lit. s. S. 135f., insbesondere: [10, 14, 50 Bd. V, 2, 80]

Tabelle 19. Elektrokinetik (Ek)

Ursache	Wirkung	Name
Elektrisches Feld wirkt auf geladene Teilchen in einer Flüssigkeit	Wanderung geladener Teilchen in einer Flüssigkeit	Elektrophorese, Kataphorese, Anaphorese
Elektrisches Feld wirkt auf geladene Teilchen in einer Flüssigkeit	Bewegung von geladenen Teilchen durch ein Diaphragma	Elektroosmose, Elektroendosmose
Flüssigkeit wird durch ein Diaphragma gepreßt	Strömungsspannung auf beiden Seiten des Diaphragmas	Strömungsstrom, Strömungspotential
Wirkung des Gravitationspotentials auf geladene Teilchen in einer Flüssigkeit	Potentialdifferenz zwischen Oberfläche und Boden	Dorn-Effekt
Elektrisches Feld wirkt auf Flüssigkeit	Änderung der Oberflächenspannung	Elektrokapillarität
Zusatz von Elektrolyten in Lösungen	Veränderung der Viskosität	Elektroviskoser Effekt
Flüssigkeitsströmung in einer Kapillare	Strömungspotential/scheinbare Erhöhung der Viskosität	Elektroviskoser Effekt

Lit. s. S. 135f., insbesondere: [6b, 6d, 12, 23, 24, 29]

Tabelle 20. Elektrolyte (El)

Ursache	Wirkung	Name
Spannung am Elektrolyten	Asymmetrische Verteilung der Ionenwolke um das Ion/Wanderungshemmung	Brems-Effekte (Wanderungshemmung, Asymmetrie- oder Relaxations-Effekt)
Hochfrequentes Wechselfeld am Elektrolyten	Erhöhung der Leitfähigkeit	Debye-Falkenhagen-Effekt (Dispersions-Effekt der Leitfähigkeit)
Hohe Spannung an starken Elektrolyten	Zunahme der elektrischen Leitfähigkeit	Wien-Effekt (Feldstärke-, Spannungs-Effekt)
Starkes elektrisches Feld am schwachen Elektrolyten	Änderung der Dissoziation/ Erhöhung der Leitfähigkeit	Dissoziations-Spannungs-Effekt
Dissoziation von Molekülen	Diffusionshemmung durch andere Moleküle/Rückreaktion	Käfig-Effekt

Lit. s. S. 135f., insbesondere: [6b, 6d, 12, 22d, 24, 50 Bd. IV, 4]

Tabelle 21. Elektrizität und Magnetismus (EM)

Ursache	Wirkung	Name
Drehen einer Kupferscheibe	Mitnahme einer Magnetnadel	Aragoscher Versuch
Ummagnetisieren von Eisen	Umklappen von Elementarbezirken	Barkhausen-Effekte
Ummagnetisieren eines Ferroelektrikums	Umklappen ferroelektrischer Bereiche	Ferroelektrischer Barkhausen-Effekt
Elektrisches Feld wirkt auf Dielektrikum	Verschiebung von Gleitionen	Böningsche Effekte
Zusatz von seltenen Erden zur Anoden-Kohle	Erhöhung der Lichtintensität	Beck-Effekt (Beck-Bogen)
Senkrecht aufeinanderstehende magnetische Felder in dünnen Orthoferritschichten	Entstehen von zylindrischen magnetischen Domänen, die in der Schicht beweglich sind	Bobeck-Effekt, magnetischer Speicher-Effekt
Kleiner magnetischer Fluß bzw. sein Vektorpotential	Änderung der Interferenz von Elektronenstrahlen	Bohm-Aharonov-Effekt
Elektrisches Feld	Ausrichten der permanenten Dipole von Atomen oder Molekülen	Debyesche Effekte
Erhitzen einer Metalloberfläche	Emission von Elektronen	Richardson-Effekt (Edison-Effekt, glühelektrischer Effekt)

Tabelle 21. (Fortsetzung)

Ursache	Wirkung	Name
Restmagnetismus im Eisen einer stromdurchflossenen Ständer-Spule eines Generators	Selbsterregung des Magnetfeldes bis zur Sättigung	Dynamoelektrisches Prinzip
Entstehen von Wirbelströmen im Leiter bei hohen Frequenzen	Erhöhung des Ohmschen Widerstandes	Haut-Effekt (Skin-Effekt)
Oberflächenschicht, die zur Leitfähigkeit bei hohen Frequenzen und tiefen Temperaturen beiträgt, wird klein gegen die freie Weglänge	Leitfähigkeit unabhängig von der freien Weglänge	Anomaler Skin-Effekt
Drehen bzw. Magnetisieren eines Eisenstabes	Magnetisierung bzw. Rotation des Stabes	Gyromagnetische Effekte (Barnett-Effekt, Einstein-deHaas-Effekt
Durchgang linear polarisierter elektromagnetischer Wellen durch Metallstäbe	Schwächung der Strahlung je nach Stellung der Stäbe	Hertzsche Versuche, Hertz-Effekt
Kleine magnetische Felder wirken kurz vor der Curie-Temperatur eines Ferroelektrikums	Maximum der Permeabilität eines Ferroelektrikums	Hopkinson-Effekt
Polarisation von Permalloy oder Mu-Metall	Unsymmetrien in der Wechselstrom-Hysterese	Hughes-Effekt
Strom durch metallische Leiter	Erwärmung des Leiters	Joule-Effekt
Hohe statische Spannung an dielektrischen Körpern	Entladungsfiguren	Kirlian-Effekt, Lichtenbergsche Figuren
Hohe elektrische Felder an Spitzen	Büschelentladung	Korona-Effekt, St. Elms-, Elias-Feuer
Abreißen von Oberflächenschichten, von Wassertropfen	Aufladung der Tropfen und des Wassers	Lenard-Effekt, Ballo-Elektrizität, Sprudel-Effekt, Wasserfall-Elektrizität
Magnetisches/elektrisches Feld an isolierenden Stoffen mit magnetischer Ordnung	Proportionale elektrische Polarisation/proportionale Magnetisierung	magnetoelektrischer Effekt
Rotation eines Dielektrikums im geladenen Kondensator	„Röntgen-Strom“	Röntgen-Eichenwald-Versuch
Drehen einer geladenen Kondensatorscheibe	Konvektionsströme/ Rowlandstrom	Rowland-Effekt

Tabelle 21. (Fortsetzung)

Ursache	Wirkung	Name
Berührung zweier verschiedener Leiter	Entstehen einer Kontaktspannung	Volta-Effekt
Ummagnetisierung eines geschichteten ferromagnetischen Drahtes	Nachweis der Ummagnetisierung durch eine Induktionsspule	Wiegand-Effekt

Lit. s. S. 135f., insbesondere: [3, 6b, 16, 18, 22b, 26, 30, 32, 37, 38 Bd. VIII, 40, 43, 49, 50 Bd. IV, 69]

Tabelle 22. Elektrooptik (Eo)

Ursache	Wirkung	Name
Elektrisches Feld wirkt auf optisch isotropes Medium	Optische Anisotropie/Doppelbrechung	Kerr-Effekt, elektrooptische Doppelbrechung
Elektrisches Feld wirkt auf optisch isotropes Medium	Änderung der Polarisation des Mediums	Neugebauer-Effekt
Elektrisches Feld wirkt auf piezoelektrische Kristalle	Doppelbrechung	Pockels-Effekt, linearer elektrooptischer Effekt
Hohe elektrische Feldgradienten an den Polen eines elektrischen Bogens	Geringe Verschiebung der Wellenlänge in Polnähe gegenüber der Bogenmitte	Pol-Effekt
Elektrisches Feld wirkt auf Atome/Moleküle, die Licht/Strahlung emittieren	Aufspaltung der Spektrallinien	Stark-Effekt

Lit. s. S. 135f., insbesondere: [3, 6c, 6d, 9, 17, 22c, 50 Bd. II. 2.2]

Tabelle 23. Elektromechanik und Elektrothermik (ET)

Ursache	Wirkung	Name
Elektrisches Feld wirkt auf Isolatoren	Deformation/Volumenänderung	Elektrostriktion
Mechanische Spannung wirkt auf Kristalle ohne Symmetriezentrum	Elektrische Spannung, Änderung der Polarisation	Piezoelektrischer Effekt, Piezo-Effekt (direkter)
Mechanische Spannung wirkt auf Kristalle	Entstehen von Entropie	Piezokalorischer Effekt (Umkehrung: thermische Expansion)

Tabelle 23. (Fortsetzung)

Ursache	Wirkung	Name
Elektrisches Feld wirkt auf Kristalle ohne Symmetrie-Zentrum	Mechanische Deformation	Piezoelektrischer Effekt, Piezo-Effekt (inverser)
Schnelle Temperaturänderung an Kristallen ohne Symmetrie-Zentrum	Oberflächenladung, elektrische Spannung	Pyroelektrischer Effekt
Elektrisches Feld wirkt auf Kristalle ohne Symmetrie-Zentrum	Temperaturänderung des Kristalls	Elektrokalorischer Effekt

Lit. s. S. 135f., insbesondere: [6b, 18, 27, 38 Bd. VIII, 50 Bd. IV.4]

Tabelle 24. Festkörper (F)

Ursache	Wirkung	Name
Absorption von Schall im Halbleiter	Verstärkung der Schallwelle	Akustoelektrischer Effekt
Magnetfeld und Mikrowellenfeld bei tiefen Temperaturen wirken auf metallische Einkristalle	Zyklotronresonanz (s. lexikal. Teil)	Azbel-Kaner-Effekt, Zyklotronresonanz
Auftreten eines abgebeugten Röntgenstrahles	Anomal geringe Absorption	Borrmann-Effekt
Wolken von Verunreinigungen im Kristall	Blockieren von Versetzungsebenen	Cottrell-Effekt
Bewegung von Protonen zwischen Ebenen, die mit Ionen besetzt sind	Vorzugsweise Bewegung von Protonen in Kanälen	Channeling-Effekt
Starkes Magnetfeld wirkt auf Einkristall bei tiefen Temperaturen	Kippschwingungen/Oszillationen der Elektronen auf der Fermifläche	De Haas-van Alphen-Effekt
Wirkung des Gitters auf die Elektronenzustände einer Störstelle im Kristallgitter	Aufheben der Entartung der Zustände des Störstellenatoms	Jahn-Teller-Effekt
Beugung von diffusen Elektronen in dicken Kristallschichten	Entstehen von charakteristischen Linien und Kegeln	Kikuchi-Effekt
Komponenten von Legierungen haben unterschiedliche Diffussionskonstanten	Diffusion von Legierungskomponenten/ Verschieben von Trennflächen	Kirkendall-Effekt

Tabelle 24. (Fortsetzung)

Ursache	Wirkung	Name
Ändern des Wellenzahlvektors von Phononen im Material	Änderung in der Phononen-Dispersions Kurve	Kohn-Effekt
Einbau magnetischer Fremdatome in Metallen	Widerstandsminimum bei tiefen Temperaturen	Kondo-Effekt
Beugung von Röntgenstrahlen am Antikathoden-Kristall	Eigenstrahlung, die auf Doppelkegeln bezüglich der Netzebenen beobachtet wird	Kossel-Effekt
Röntgenstrahlen wirken auf Kristallplättchen	Charakteristische Röntgeninterferenzen	Laue-Effekt (Laue-Verfahren)
Absorption von Ultraschall im Material bei tiefen Temperaturen im homogenen Magnetfeld	Oszillationen der Absorption	Magnetoakustischer Effekt
Martensitische Umwandlungen von Legierungen bei verschiedenen Temperaturen	Erinnerung an mechanischen Zustand	Memory-Effekt (Gedächtnis-Effekt)
Beugung von Röntgenstrahlen am Kristall	Abgebeugter Strahl wirkt wie Primärstrahl	Renninger-Effekt
Abwandern von Ionen von Gitterplätzen	Anlagerung an der Oberfläche	Schottky-Effekt
Magnetfeld wirkt bei tiefen Temperaturen auf Einkristall	Oszillationen des elektrischen Widerstandes	Shubnikov-de Haas-Effekt
Absorption/Reflexion von Hochfrequenzstrahlung (MHz) in Abhängigkeit von Temperatur und Magnetfeld	Oszillationen von Absorption/Reflexion, Oberflächenimpedanz	Size-Effekte (Größen-Effekte, Gantmacher-/Radiofrequenz-Effekt)
Magnetfeld und Oberfläche der Probe bilden einen Winkel, Mikrowellenfeld senkrecht zur Probe	Spiralförmige Bahnen, Korrektur der statischen Leitfähigkeit	Sondheimer-Effekt
Teilchen (Neutronen) wirken auf Kristallverband	Wirkungsquerschnitt für Teilchen wird abhängig von der Kristallstruktur	Kristall-Effekt

Lit. s. S. 135f., insbesondere: [1, 3, 6d, 21, 25, 27, 50 Bd. IV, 71, 75]

Tabelle 25. Festigkeit (Fe)

Ursache	Wirkung	Name
Plastische Verformung	Änderung des E-Moduls	Bauschinger-Effekt
Biegen eines Metallstabes	Veränderung der Wasserstoffkonzentration, nichtelastische Dehnung	Gorsky-Effekt
Mechanische Beanspruchung und Lösungsmittel	Erhöhung der Plastizität von Ionen-Kristallen	Joffé-Effekt
Verschieden	Hysterese bei Wechselbeanspruchung	Nachwirkungs-Effekte (Relaxations-Effekte)
Torsion langer Stäbe	Verlängerung des Stabes	Poynting-Effekt
Molekulare Oberflächen-Schichten auf einem Material	Erniedrigung der Festigkeit und Zähigkeit	Rehbinder-Effekt
Kohlenstoff in Eisen	Besetzung ausgezeichneter Gitterplätze	Snoek-Effekt
Strecken hochpolymerer Fasern	Festigkeitszunahme, Einschnürung der Faser	Teleskop-Effekt

Lit. s. S. 135f., insbesondere: [37] [52a]

Tabelle 26. Flüssigkristalle (Fk)

Ursache	Wirkung	Name
Elektrisches Feld wirkt auf dünne Schicht von Flüssigkristallen	Drehung der Molekülachsen	Feld-Effekte: DAP-Effekt, Gast-Wirt-Effekt, Schadt-Helfrich-Effekt
Elektrisches Feld wirkt auf dünne Schicht von Flüssigkristallen	Schalten zwischen verschiedenen Texturen von Flüssigkristallen	Speicher-Effekte, Texturumwandlungs-Bistabilitäts-Effekt
Elektrisches Feld wirkt auf Flüssigkristall	Stromfluß und mechanische Flüssigkeitsströmung	Elektrohydrodynamischer Effekt

Lit. s. S. 135f., insbesondere: [6d]

Tabelle 27. Galvanomagnetismus (Ga)

Ursache	Wirkung	Name
Stromdurchflossener Leiter in transversalem Magnetfeld	Transversale Potentialdifferenz	Hall-Effekt, (Corbino-Effekt), (Dissymmetrie-Effekt)
Streuung der Leitungselektronen an magnetischen Momenten in dünnen ferromagnetischen Schichten	Anomal große Hallkonstante	Anomaler Hall-Effekt
Stromdurchflossene dünne halbleitende Schichten (MOS-Transistor) oder Halbleiterinversionsschichten in starken transversalen Magnetfeldern bei tiefen Temperaturen	Quantisierung der Elektronenbahnen bzw. der Hall-Spannung und des Hall-Widerstandes	v. Klitzing-Effekt
Transversales Magnetfeld im stromdurchflossenen Leiter	Transversale Temperaturdifferenz	Ettingshausen-Effekt
Transversales Magnetfeld im stromdurchflossenen Leiter	Longitudinale Potentialdifferenz	Thomson-Effekt, Magnetowiderstands-Effekt
Stromdurchflossener Leiter in transversalem Magnetfeld	Longitudinale Temperaturdifferenz	Nernst-Effekt
Stromdurchflossener Leiter in longitudinalem Magnetfeld	Änderung des Widerstandes	Magnetowiderstands-Effekt
Stromdurchflossener Leiter teilweise im longitudinalen Magnetfeld	Peltier-Effekt zwischen magnetischem und nichtmagnetischem Leiter	keine eigene Bezeichnung

Lit. s. S. 135f., insbesondere: [1, 3, 6b, 20, 22d, 23, 30, 38 Bd. VIII, 43, 49, 50 Bd. IV, 4, 53, 62, 67]

Tabelle 28. Halbleiter (H)

Ursache	Wirkung	Name
Besetzung der Unterkante des Leistungsbandes mit Donatoren	Verschiebung der Absorptionskante	Burstein-Effekt
Temperaturgradient im Halbleiter	Nichtgleichgewichtsverteilung der Phononen	Drag-Effekt (Transport-Effekt)
Elektrisches Feld im Halbleiter	Örtliche Änderung der Ladungsverteilung	Feld-Effekt
Äußeres elektrisches Feld am Halbleiter	Verschiebung der optischen Absorptionskante zu höheren Energien	Franz-Keldysch-Effekt

Tabelle 28. (Fortsetzung)

Ursache	Wirkung	Name
Elektrische und magnetische Felder am Halbleiter	Temperatur- und Spannungsdifferenzen/ Widerstandsänderung	Galvanomagnetische Effekte
Fehlen der Fernordnung im Halbleiter	Verschmierung der Leitfähigkeits- und Valenzbänder	„hopping"-Effekt
Potentialdifferenz zwischen Halbleiter- und Metallprobe	Haftwirkung	Johnseb Rahbeck-Effekt
Halbleiter im Magnetfeld	z. B. Änderung der Anregung elektromagnetischer Wellen	Magnetoplasma-Effekt
Mechanische Spannung am pn-Übergang	Veränderung der Strom-Spannungscharakteristik	piezo-junction-Effekt
Mechanische Spannungen am Festkörper	Änderung des elektrischen Widerstandes	Piezo-Widerstands-Effekt
Belichtung von Silber-halegonid-Kristallen	Ausfallen von kolloidalem Silber	print-out-Effekt
Hohe Feldstärke am pn-Übergang	Innere Feldemission	Schottky-Effekt
Elektrische und magnetische Felder wirken auf Halbleiter	Erhöhte Rekombination von Ladungsträgern in der Nähe der Kristalloberfläche	Suhl-Effekt

Lit. s. S. 135f., insbesondere: [3, 8, 27, 28, 43, 49, 53, 65]

Tabelle 29. Halbleiterbauelemente (HB)

Ursache	Wirkung	Name
Hohe Spannung über der Raumladungszone von pn-Übergängen	Durch Stoßionisation entstehen neue Ladungsträger	Avalanche-Effekt (Lawineneffekt
Stromfluß durch Metall-Halbleiter-Kontakt	Stromfluß nur in einer Richtung	Gleichrichter-Effekt (Sperr, Sperrschicht-Effekt)
Mehrere Energieminima im Leistungsband des Halbleiters	Negativer differentieller Leitwert/Hochfrequenzoszillationen	Gunn-Effekt
Temperaturkoeffizient der Leitfähigkeit des Halbleiters positiv oder negativ	Nichtlineare Strom-Spannungs-Charakteristik	Heißleiter-Effekt bzw. Kaltleiter-Effekt

Tabelle 29. (Fortsetzung)

Ursache	Wirkung	Name
Spannung am amorphen Halbleiter	Sprunghafte Änderung der Leitfähigkeit	Ovshinsky-Effekte, Schalteffekt
Spannung am amorphen Halbleiter	Zustand bleibt erhalten, wenn äußere Spannung verschwindet	Memory-Effekt
Gezielte Injektion von Ladungsträgern in Halbleitern	Verstärkung des Injektionsstromes	Transistor-Effekt (damit hängen weiter zusammen: Early-Effekt, Emitter-Dip-Effekt, Kirk-Effekt)
Mikroskopisch kleine gegeneinander gepolte pn-Übergänge in gesintertem Silizium-Carbid	Nichtlinearer, spannungsabhängiger Widerstand	Varistor-Effekt
Hoher Sperr-Strom am pn-Übergang	Tunneln von Elektronen vom Valenz- ins Leitfähigkeitsband/steiler Anstieg des Stromes	Zener-Effekt

Lit. s. S. 135f., insbesondere: [6d, 22d, 28, 53, 58, 63, 64]

Tabelle 30. Kernphysik (K)

Ursache	Wirkung	Name
Ungleiche Ladungszahl/ gleiche Massenzahl/ gleicher Isospin/ ungleiche 3. Komponente	Energieunterschiede	Analogzustände, Coulomb-Effekt, Massen Effekt
Absorption von Gammaquanten im Kern	Emission von Neutronen	Kernphoto-Effekt
Elektromagnetische Wellen wirken auf magnetisches Kernmoment	Resonanzen/ Kerninduktion	Kernmagnetische Resonanz-Effekte, Kerninduktion
Elektromagnetische Felder wirken auf Kern-Spin	Hyperfeinstruktur	Kernspin-Effekt
Äußeres Magnetfeld wirkt auf angeregte Kerne im Festkörper	Depolarisation der Strahlung	Kern-Hanle-Effekt
Einbau von Kernen in Kristalle bei tiefen Temperaturen	Rückstoßfreie Absorption und Emission von Gammaquanten	Mößbauer-Effekt

Tabelle 30. (Fortsetzung)

Ursache	Wirkung	Name
Zusätzliches Hochfrequenzfeld bei der magnetischen Kernresonanz	Überbesetzung der oberen Niveaus/Verstärkung des Kernsignales	Overhauser-Effekt
Rückstoß bei Neutroneneinfang und Emission von Teilchen	Änderung des chemischen Bindungszustandes radioaktiver Atome	Szilard-Chalmers-Effekt
Überhitzen des Kühlmittels eines Reaktors	Erhöhung der Radioaktivität	Void-Effekt
Schnelle Neutronen wirken auf Graphit	Störung des Graphit-Gitters	Wigner-Effekt

Lit. s. S. 135f., insbesondere: [6d, 6e, 17, 22d, 41, 69, 70 Bd. II, 90]

Tabelle 31. Laser und nichtlineare Optik (L)

Ursache	Wirkung	Name
Anregung von Atomen/Molekülen durch z. B. Licht	Besetzungsinversion	Stimulierte Emission von Strahlung, Laser-Effekt
Kohärentes Licht fällt auf Objekt, Reflexion des Lichtes von der Oberfläche	Interferenzmuster der Objektoberfläche	Holographie
Nichtlinearer Zusammenhang zwischen Polarisation und elektrischem Feld	Frequenzverdopplung, Optisches Mischen, Optische Gleichrichtung, optischer Kerr-Effekt, Selbstfokussierung, induzierte Streuung, Ionisierung von Gasen	Nichtlineare optische Effekte
Intensives Laserlicht in Flüssigkeiten	Stoßwellen	Lichthydraulischer Effekt

Lit. s. S. 135f., insbesondere [3, 6c, 19, 22c, 32, 33, 42, 47, 48, 56, 57, 67]

Tabelle 32. Lumineszenz (Lu)

Ursache	Wirkung	Name
Strom durch SiC-Gleichrichter	Unterschiedliche Lumineszenz an Kathode und Anode	Lossew-Effekt
Direkte Kontakte auf Kristallen hoher Leitfähigkeit	Feldauslöschung	Déchêne-Effekt
Wechselspannung an Phosphoren	Leuchten der Phosphore	Destriau-Effekt
Elektrisches Feld am Kristall	Erhöhung der Lichtemission	Gudden-Pohl-Effekt
Erhöhte Anregung des Kristalls	Vermehrte Thermolumineszenz	Riehl-Effekt

Lit. s. S. 135f., insbesondere: [6d, 75, 78, 84]

Tabelle 33. Mechanik (Akustik, Bewegung, Wärme) (Me)

Ursache	Wirkung	Name
Allseitiger Druck auf Körper in Flüssigkeit	Auftreten einer Kraft, die entgegen der Schwerkraft wirkt	Archimedisches Prinzip
Bewegung des Kopfes beim Hören	Ortung der Schallquelle	Binaural-Effekt
Rotierendes Bezugssystem	Zusätzliche Kraft	Coriolis Kraft
Rotierendes Bezugssystem	Änderung der Erdbeschleunigung	Eötvös-Effekt
Rotierendes Bezugssystem	Drehen der Pendelebene	Foucaultscher Versuch
Bewegung einer Schallquelle	Frequenzänderung	Doppler-Effekt
Zwei Schallquellen mit Phasenverschiebung	Verdeckung einer Schallquelle	Haas-Effekt
Flüssigkeits-Tropfen auf heißer Unterlage	Isolierende Dampfschicht	Leidenfrostsches Phänomen
Schallwelle in einer Wand	Biegeschwingungen in der Wand	Spuranpassungs-Effekt Koinzidenz-Effekt
Zwei benachbarte Frequenzen	Verdeckung der höheren Frequenz	Verdeckungs-Effekt

Lit.: *Lehrbücher, Lexika, Handbücher* (S. 135f.)

Tabelle 34. Magnetomechanik (Mm)

Ursache	Wirkung	Name
Magnetisierung einer ferri- bzw. ferro-magnetischen Probe	Volumen-/Gestalt-Änderung	Magnetostriktion, Joule-Effekt
Magnetisierung einer ferri- bzw. ferromagnetischen Probe	Elastizitätsänderung	ΔE-Effekt, Magnetoelastischer Effekt
Magnetisches Wechselfeld kleiner Amplitude wirkt an magnetisierter Probe	Zum Feld proportionale (lineare) Gestaltänderung	Piezomagnetischer Effekt
Mechanische Schwingung in magnetisierter Probe	Zur Drehung proportionale Magnetisierungsänderung	Piezomagnetischer Effekt
Zug an einer ferromagnetischen Probe	Änderung der Permeabilität bei Verkürzen/Verlängern der Probe	Villari-Effekt
Zug an einer ferromagnetischen Probe	Ändern der Remanenz	Magnetischer Zug-Effekt
Torsion eines magnetischen Stabes im magnetischen Längsfeld	Änderung der Magnetisierung	Matteuci-Effekt
Torsion eines magnetischen Stabes im magnetischen Längsfeld	Induktionsströme entstehen	Wertheim-Effekt
Ströme durch die Achse von Magneten oder Stäben im magnetischen Längsfeld	Torsion des Stabes	Wiedemann-Effekt

Lit. s. S. 135f., insbesondere: [4, 6b, 26, 50 Bd. IV, 4]

Tabelle 35. Magnetooptik (Mo)

Ursache	Wirkung	Name
Magnetisches Feld wirkt senkrecht zur Lichtausbreitung in Flüssigkeiten mit anisotropen Molekülen	Doppelbrechung	Transversale magnetische Doppelbrechung: Cotton-Mouton-Effekt
Transversales Magnetfeld wirkt auf kolloidale Lösungen	Doppelbrechung	Majorana-Effekt
Transversales Magnetfeld wirkt auf Gase, z. B. Na-Dampf	Anomale Doppelbrechung von intensiven Spektrallinien	Voigt-Effekt

Tabelle 35. (Fortsetzung)

Ursache	Wirkung	Name
Stehende Ultraschallwellen in Flüssigkeiten	Dichtemodulation als Beugungsgitter	Debye-Sears-Effekt
Longitudinales Magnetfeld wirkt auf Gase	Drehung der Polarisationsebene in der Nähe von Absorptionslinien	Macaluso-Corbino-Effekt
Magnetfeld wirkt auf Hg-Dampf bei gleichzeitiger Einstrahlung polarisierten Lichtes	Abnahme der Polarisation der Resonanz-Strahlung	Hanle-Effekt
Longitudinales Magnetfeld wirkt auf optisch isotrope Medien	Drehung der Polarisationsebene	Faraday-Effekt (Magnetrotation), magnetische Drehung der Polarisationsebene
Longitudinales Magnetfeld wirkt auf paramagnetische Substanzen	Drehung der Polarisationsebene	Becquerel-Effekt, paramagnetische Drehung
Magnetfeld wirkt auf ferromagnetische Schichten	Anomal große Drehung der Polarisationsebene	Kundt-Effekt
Reflexion von linear-polarisiertem Licht an den polierten Endflächen eines Magneten	Drehung der Polarisationsebene des reflektierten Lichtes	Magnetooptischer Kerr-Effekt
Magnetfeld wirkt auf lichtemittierende Atome/Moleküle	Aufspaltung der Spektrallinien	Zeeman-Effekt, inverser Zeeman-Effekt
Starkes Magnetfeld wirkt auf Atome/Moleküle	Hyperfeinwechselwirkung zwischen Hülle und Kern	Back-Goudsmith-Effekt
Starkes Magnetfeld wirkt auf lichtemittierende Atome/Moleküle	Aufhebung der Kopplung zwischen Spin und Bahndrehimpuls	Paschen-Back-Effekt
Schwache magnetische Felder wirken auf Atome/Moleküle	Drehung der Polarisationsebene des Fluoreszenz-Lichtes	Magnetischer Dreh-Effekt (Hanle-Effekt)

Lit. s. S. 135f., insbesondere: [3, 6c, 9, 18, 22c, 48, 50 Bd. II, 2.2, 57, 67]

Tabelle 36. Optik (O)

Ursache	Wirkung	Name
Lichtausbreitung im bewegten optischen Medium	„Mitführung" des Lichtes durch das Medium, Verschiebung von Interferenzstreifen	Fizeau-Effekt
Beugung von Licht (elektromagnetischer Strahlung) an komplementären Schirmen	Komplementäre Beugungsbilder	Babinetsches Prinzip

Tabelle 36. (Fortsetzung)

Ursache	Wirkung	Name
Zweimalige Reflexion von Licht an Glasplatten unter dem Brewsterwinkel	Linear polarisiertes Licht	Malus-Versuch
Totalreflexion von Licht z. B. am Prisma	Strahlversetzung	Goos-Hähnchen-Effekt
Geschwindigkeitsgradienten strömender Flüssigkeiten	Doppelbrechung durch Orientierung anisotroper Teilchen	Maxwell-Effekt
Absorption von frequenzmoduliertem Licht, z. B. in Gasen	Erwärmung und Abkühlung des Gases, modulierte Wärmequelle	Optoakustischer Effekt, Photoakustischer Effekt
Schnelle Bewegung einer Lichtquelle	Frequenzverschiebung des Lichtes	Optischer Doppler-Effekt, Stark-Doppler-Effekt
Rotation eines Interferometers, z. B. Ringinterferometer	Verschiebung von Interferenzstreifen abhängig vom Rotationszustand	Sagnac-Effekt

Lit. s. S. 135f., insbesondere: [6c, 9, 10, 16, 22c, 38 Bd. II, Bd. VIII, 40, 51, 61 Bd. III, 63, 65]

Tabelle 37. Photoelektrik (P)

Ursache	Wirkung	Name
Licht wirkt auf eine von zwei Elektroden im Elektrolyten	Potentialdifferenz zwischen den Elektroden	E.Becquerel-Effekt
Licht wirkt auf Gas im elektrischen Feld	Unvollständige Ionisierung	Branley-Lenard-Effekt
Licht wirkt auf Funkenentladung	Absinken der Durchbruchspannung	Hertz-Effekt
Licht wirkt auf negativ geladene Metallplatte	Entladung der Platte, Auslösen von Elektronen	Hallwachs-Effekt, lichtelektrischer Effekt
Licht wirkt auf Metalloberflächen	Auslösung von Elektronen	Photo-Effekt, äußerer Photo-Effekt, innerer Photo-Effekt, lichtelektrischer Effekt, Maggi-Effekt, normaler Photo-Effekt
Licht wirkt auf dünne Metallschichten	Resonanzartige Abhängigkeit der Elektronenemission von der Lichtenergie	selektiver Photo-Effekt

Lit. s. S. 135f., insbesondere [2, 3, 6c, 7, 27, 50 Bd. II, 2.1, Bd. IV, 3, 53].

Tabelle 38. Photo-Effekte in Halbleitern (PH)

Ursache	Wirkung	Name
Absorption von Licht in der Oberflächenschicht eines Halbleiters	Diffussionsstrom	Dember-Effekt
Magnetfeld senkrecht zum Lichteinfall	Änderung der Hall-Spannung	Photo-Hall-Effekt, PEM-(Photoelektromagnetischer) Effekt, Photogalvanomagnetischer Effekt
Belichtung von Cuprid-Kristallen	Von der Richtung des Lichtes abhängige Photospannung	Kristall-Photo-Effekt
Belichtung einer Halbleiterprobe, an der eine Spannung anliegt	Änderung der Leitfähigkeit	Innerer Photo-Effekt, Photoleitung
Belichtung von Halbleitern bei tiefen Temperaturen	Änderung der dielektrischen Eigenschaften	Photodielektrischer Effekt
Belichtung eines Halbleiters, der als Dielektrikum eines Kondensators verwendet wird	Änderung der Kapazität	Photokapazitiver Effekt
Belichtung eines pn-Überganges	Verschiebung der Dioden-Kennlinie	Sperrschicht Photo-Effekt, pn-Photo-Effekt, Photovoltaischer Effekt
Licht fällt auf Platte, die dünner als die Wellenlänge ist	Polaritonen/transversale bzw. longitudinale Volumenphononen	Berremann-Effekt

Lit. s. S. 135 f., insbesondere: [2, 3, 6d, 8, 17, 22d, 27, 28, 49, 53, 63, 65, 78]

Tabelle 39. Plasma (Pl)

Ursache	Wirkung	Name
Strömen leitender Flüssigkeiten oder Gase im transversalen Magnetfeld	Hall-Effekt, transversale Potentialdifferenz	Magnetohydrodynamischer Effekt
Licht auf Entladungsrohr	Änderung der Spannung und/oder des Entladungsstroms	Opto-galvanischer Effekt, Opto-voltaischer Effekt
Magnetfeld auf stromdurchflossenes Plasma	Einschnüren des Plasmas	Pinch-Effekt

Lit. s. S. 135 f., insbesondere: [6d] [22d] [90]

Tabelle 40. Relativistische Physik (R)

Ursache	Wirkung	Name
Schwerkraft wirkt auf eine Waage mit verschiedenen Materialien	Keine Neigung/Verdrillung, d. h. Gleichheit von träger und schwerer Masse	Eötvös-Versuch
Lichtausbreitung in bewegten Systemen	Fehlen einer Interferenz bei Rotation der Interferenzanordnung	Michelson-Versuch
Bewegung eines Dipoles	Dipol sollte eigenes Drehmoment erzeugen	Trouton-Noble-Versuch
Gravitation	Periheldrehung, Lichtablenkung, Gravitative Frequenzverschiebung	Einsteinsche Effekte (Pound-Rebka-Experiment, Shapiro-Experimente, Zeit-Effekte)
Sich drehender Kreisel im rotierenden Hohlkörper	Präzission des Kreisels	Thirring-Lense-Effekt

Lit. s. S. 135f., insbesondere: [6c, 10, 14, 38 Bd. II, 40, 50 Bd. II, 1, Bd. V, 2, 59]

Tabelle 41. Supraleitung (S)

Ursache	Wirkung	Name
Äußeres Magnetfeld	Abschirmung des Magnetfeldes durch Wirbelströme	Abschirm-Effekt, Maxwell-Lippmann-Effekt
Anisotroper Kristall	Richtungsabhängige Bildung von Cooper-Paaren	Anisotropie-Effekt
Instabile Bereiche im Supraleiter	Abhängigkeit der Stromtragfähigkeit von den Instabilitäten	Degradation-Effekt
Supraleiter, die durch eine dünne Isolierschicht voneinander getrennt sind	Tunneln von Einzelelektronen, Tunnelstrom	Elektronen-Tunnel-Effekt
Keine Spannung am Tunnelkontakt	Fließen eines Suprastromes von Cooper-Paaren	Josephson-Gleichstrom-Effekt
Spannung am Tunnelkontakt	Hochfrequenter Wechselstrom in Abhängigkeit von der Spannung am Kontakt	Jopsephson-Wechselstrom-Effekt
Inhomogenitäten im Material	Existenz supraleitender Bereiche oberhalb der Sprungtemperatur	Keim-Effekt

Tabelle 41. (Fortsetzung)

Ursache	Wirkung	Name
Äußeres Magnetfeld wirkt auf Supraleiter	Supraleiter bleibt im Inneren feldfrei	Meißner-Ochsenfeld-Effekt, Meißner-Effekt, Verdrängungs-Effekt
Verschiedene Isotope	Änderung der Sprungtemperatur und des kritischen Magnetfeldes	Isotopen-Effekt
Haftzentren im Supraleiter	Ausbildung eines Maximums der kritischen Stromstärke in Abhängigkeit vom Magnetfeld	„peack"-Effekt
Stetigkeit von Ordnungsparametern an der Grenzschicht normal-supraleitend	Existenz von Cooper-Paaren in einer an den Supraleiter angrenzenden normalleitenden Schicht	Proximity-Effekt (Kopplungs-Effekt)
Einbau von Störatomen in den Supraleiter	Änderung der Sprungtemperatur des Supraleiters	Valenz-Effekt
Unterschreiten der kritischen Temperatur	Kein Eintritt von Supraleitung	Unterkühlungs-Effekt
Überschreiten der kritischen Temperatur	Kein Verschwinden der Supraleitung	Überhitzungs-Effekt

Lit. s. S. 135f., insbesondere: [3, 6d, 11, 15, 20, 21, 22d, 27, 30, 41, 44, 50 Bd. IV, 1]

Tabelle 42. Stromleitung (St)

Ursache	Wirkung	Name
Stromdurchflossener Leiter in transversalem oder longitudinalem Magnetfeld	Potential und/oder Temperaturdifferenzen	Galvanomagnetische Effekte
Von Wärmestrom durchflossener Leiter in transversalem oder longitudinalem Magnetfeld	Potential und/oder Temperaturdifferenzen	Thermomagnetische Effekte
Strom durch zwei zusammengelötete verschiedene Leiter	Temperatur-Differenz, Thermospannungen	Thermoelektrische Inhomogen-Effekte
Strom durch homogenen Leiter mit inhomogener Temperaturverteilung	Temperaturdifferenz, Thermospannung	Thermoelektrische Homogen-Effekte

Lit. s. S. 135f., insbesondere: [1, 3, 6b, 20, 22b, 23, 30, 38 Bd. VIII, 43, 49, 50 Bd. IV, 4, 53, 55, 67, 86 Bd. 13, 89 Bd. 16, 1]

Tabelle 43. Strömung (Stö)

Ursache	Wirkung	Name
Strömung von Gasen	Änderung des Auftriebes mit der Höhe	Boden-Effekt
Fliegendes Geschoß mit Drall	Kraftwirkung auf rotierende Körper	Magnus-Effekt
Fliegendes Geschoß mit Drall	Luftpolster	Poisson-Effekt
Turbulente Strömung von Gasen im Rohr	Änderung der Temperatur des Gases	Ranque-Effekt
Strömung von Flüssigkeiten	Ablenkung aus der Strömungsrichtung	Coanda-Effekt
Strömung von Flüssigkeiten	Aufweiten bei Austritt aus einer Düse	Merrington-Effekt
Strömung von Flüssigkeiten	Änderung der Normalspannung	Weißenberg-Effekt
Beschleunigte Strömung von viskoseelastischer Flüssigkeit durch ein sich verengendes Rohr	Stehenbleiben von Blasen oder Schwebekörper aufgrund von Normalspannungen	Übler-Effekt

Lit.: *Lehrbücher, Lexika, Handbücher* (S. 135f.)

Tabelle 44. Streuung, kohärente (Str)

Ursache	Wirkung	Name
Streuung von Licht an submikroskopischen Teilchen in Lösungen	Tyndall-Kegel, durchgehendes Licht wird „rötlicher“, gestreutes „bläulicher“	Tyndall-Effekt
Streuung von Licht an Teilchen, die klein gegenüber der Wellenlänge sind, z.B. in Gasen	Durchgehendes Licht wird „rötlicher“, gestreutes „bläulicher“	Rayleigh-Streuung
Streuung von Licht an Teilchen, die vergleichbar mit der Wellenlänge oder größer sind	Charakteristische Abstrahlkeulen, definierter Polarisationszustand	Mie-Streuung
Streuung von Licht an elastisch gebundenen Elektronen	Elektronen wirken als Dipole, die mit gleicher Frequenz strahlen	Thomson-Streuung

Tabelle 44. (Fortsetzung)

Ursache	Wirkung	Name
Streuung von Licht an Atomen/Molekülen	Anregung von Hüllen-elektronen	Resonanz-Streuung
Streuung von Licht an Kernen	Anregung von Kern-Niveaus	Kernresonanz-Streuung

Lit. s. S. 135f., insbesondere: [6d, 7, 22d, 38 Bd. II, III, IV, VIII, 41, 46]

Tabelle 45. Streuung, inkohärente (Str)

Ursache	Wirkung	Name
Streuung von Photonen an Elektronen	Längerwellige Photonen, Rückstoßelektronen	Compton-Effekt
Streuung von Photonen an Kernen	Elektron-Positron-Paare	Paarerzeugung
Streuung von Photonen an schwingenden Atomen, Molekülen oder Atom-(Molekül)-Gittern	Für das Molekül charakteristische Linien entstehen	Raman-Effekt
Streuung von Photonen an akustischen Schwingungen (Phononen) in Festkörpern und Flüssigkeiten	Charakteristische Linien, Dubletts entstehen	Brillouin-Streuung (Brillouin-Effekt)

Lit. s. S. 135f., insbesondere: [6d, 7, 22d, 38 Bd. III, IV, VIII, 41, 42, 45, 46]

Tabelle 46. Streuung, Teilchen (Str)

Ursache	Name
Streuung von geladenen Teilchen an geladenen Teilchen	Rutherford-Streuung (Coulombstreuung)
Streuung von polarisierten Elektronen am Coulombpotential	Mott-Streuung
Streuung von hochenergetischen Positronen an Elektronen	Bhabha-Streuung
Streuung von γ-Quanten an Kernpotential	Delbrück-Streuung

Lit. s. S. 135f., insbesondere: [6d, 6e, 7, 16, 17, 22d]

Tabelle 47. Tieftemperaturen (T)

Ursache	Wirkung	Name
Starke, plötzliche Magnetisierung von paramagnetischen Salzen	Temperaturerniedrigung der Salze	Magnetokalorischer Effekt
Starke, plötzliche Änderung eines äußeren elektrischen Feldes an einer Probe	Temperaturerniedrigung von wenigen Grad durch zusätzliche Freiheitsgrade	Elektrokalorischer Effekt
Quanteneigenschaften von HeII	Transport von Kälte	Onnes-Effekt (mechanokalorischer Effekt, Thermodynamischer Druck-Effekt, Fontänen-Effekt, Springbrunnen-Effekt)
Bildung von Cooperpaaren bei tiefen Temperaturen	Verschwinden des Ohmschen Widerstandes, Existenz von Dauerströmen, Meissner-Effekt usw.	Supraleitung (s. lexikal. Teil und Tabelle 39. S) (Cooper-Effekt)

Lit. s. S. 135f., insbesondere: [2, 6d, 11, 15, 22d, 29, 38 Bd. V, Bd. IX, 41, 50 Bd. II, 4]

Tabelle 48. Thermoelektrizität (Te)

Ursache	Wirkung	Name
Elektrischer Strom/Wärmestrom durch zwei verschiedene zusammengelötete Leiter	Wärme bzw. Kälte an den Lötstellen/Spannung an den offenen Enden der Leiter	Peltier-Effekt Seebeck-Effekt
Elektrischer/Wärmestrom durch homogene Leiter	Temperaturdifferenz, Spannungsdifferenz	Benedicks-Effekte, Thomson-Effekte
Stromleitung durch anisotropen Kristall	Wärme/Kälte	Innerer Peltier-Effekt, Bridgman-Effekt
Verschiebung der Fermifläche der Phononen	Phononen-Strom	Phonon-Drag-Effekt, Gurewitsch-Effekt

Lit. s. S. 135f., insbesondere: [1, 3, 6b, 18, 22d, 23, 30, 38 Bd. VIII, 43, 50 Bd. IV, 4, 53, 62, 71, 86 Bd. XIII, 89 Bd. XVI, 1]

Tabelle 49. Thermodynamik und Kinetik (TK) (elektrokinetische Effekte, allgemeine Effekte)

Ursache	Wirkung	Name
Zusatz von Elektrolyten in eine Lösung	Veränderung der Löslichkeit von Nichtelektrolyten	Aussalz/Einsalz-Effekt
Schwerkraft auf binäre Gemische mit Stoffen stark unterschiedlicher Temperatur	Absinken der schweren Dampfphase unter die Flüssigkeitsoberfläche	Barotropisches Phänomen
Konzentrationsgefälle im Gemisch	Wärmestrom	Diffusions-Thermo-Effekt
Diffusion zweier Substanzen	Temperaturgradient	Dufour-Effekt
Temperaturgradient im Gemisch	Konzentrationsgefälle	Ludwig-Soret-Effekt
Gemisch von Isotopen	unterschiedliche Diffusion etc., Reaktionsgeschwindigkeit	Isotopie-Effekt
Adiabatische Entspannung von realen Gasen	Temperaturerniedrigung	Joule-Thomson-Effekt (Drossel-Effekt)
Osmotischer Druck wirkt auf elektrisches Potential usw.	Unterschiedlich	Kolligative Effekte, Osmotische Effekte
Strömung von Gasen aus durch eine Kapillare verbundenen Gefäßen mit unterschiedlicher Temperatur	Strömung ist dem Temperaturgradienten entgegengesetzt	Knudsen-Effekt, Thermische Effusion
Verschieden warme Oberflächen im Vakuum	Druckunterschied auf beiden Seiten	Radiometer-Effekt
Freie Weglänge in Größenordnung der Gefäßdimension und abnehmender Druck	Abnahme der Wärmeleitfähigkeit bei Gefäßen, die mit feinem Pulver gefüllt sind	Smoluchowski-Effekt

Lit. s. S. 135 f., insbesondere: [6a, 20, 22a, 23, 35, 50 Bd. III, 1, 2]

Tabelle 50. Thermomagnetismus (Tm)

Ursache	Wirkung	Name
Von Wärmestrom durchflossener Leiter in transversalem Magnetfeld	Transversale Temperaturdifferenz	1. Righi-Leduc-Effekt
	Transversale Potentialdifferenz	1. Ettingshausen-Nernst-Effekt
Absorption von (Wärme) Strahlung in einer Probe im transversalen Magnetfeld	Transversale Potentialdifferenz durch longitudinale Temperaturdifferenz	OEN-Effekt: optisch induzierter Ettingshausen-Nernst-Effekt

Tabelle 50. (Fortsetzung)

Ursache	Wirkung	Name
Von Wärmestrom durchflossene Leiter in transversalem Magnetfeld	Longitudinale Temperatur-Differenz	2. Righi-Leduc-Effekt, Maggi-Righi-Leduc-Effekt
Von Wärmestrom durchflossener Leiter in transversalem Magnetfeld	Longitudinale Potentialdifferenz	2. Ettingshausen-Nernst-Effekt
Von Wärmestrom durchflossener Leiter in longitudinalem Magnetfeld	Änderung des thermischen Widerstandes	kein eigener Name
Von Wärmestrom durchflossener Leiter in longitudinalem Magnetfeld	Thermokraft zwischen magnetischen und nicht magnetischen Leiter	kein eigener Name

Lit. s. S. 135 f., insbesondere: [1, 3, 6b, 20, 22d, 23, 30, 38 Bd. VIII, 43, 49, 50 Bd. IV, 4, 53, 62, 71, 86 Bd. XIII, 89 Bd. XVI, 1]

Chronologie

Effekte und wichtige Ereignisse in der Physik (Auswahl)

1756 Leidenfrostsches Phänomen
1777 Lichtenbergsche Figuren
1801 Volta-Effekt
1802 I. Gay Lussac-Versuch
1807 Elektrophorese, II. Gay Lussac-Versuch
1808 Malus-Versuch
1818 Beugung des Lichtes (Fresnel)
1820 Ablenkung einer Magnetnadel durch elektrischen Strom (Ch. Oersted)
Ampèresche Gesetze
1822 Seebeck-Effekt
Beugung am Gitter (Fraunhofer)
1824 Arago-Versuch
1825 Radiometer-Effekt
1826 Zusammenhang zwischen Strom, Widerstand und Spannung: Ohmsches Gesetz
1827 Brownsche Molekularbewegung
1831 elektromagnetische Induktion (Faraday)
1832 Coriolis-Kraft
1833 Lenzsche Regel
1834 Peltier-Effekt
1839 E. Becquerel-Effekt
1841 Joule-Effekt (Stromwärme)
1842 Doppler-Effekt
Joule-Effekt (Magnetostriktion)
1845 Faraday-Effekt
1847 Matteucci-Effekt
Energieerhaltung (Helmholtz)
1849 experimentelle Bestimmung der Lichtgeschwindigkeit (Fizeau)
1850 Foucault-Versuch
Fizeau-Versuch
1852 Wertheim-Effekt
Joule-Thomson-Effekt
1856 Thomson-Effekte
Ludwig-Soret-Effekt
1858 Wiedemann-Effekt
1859 Strömungsstrom (Quincke)
1860 Maxwellsche Geschwindigkeitsverteilung
1861/1862 Maxwellsche Gleichungen der Elektrodynamik
1865 Villary-Effekt
II. Hauptsatz der Wärmelehre (Clausius)
1866/1867 Dynamoelektrisches Prinzip (W. v. Siemens)
1869 Tyndall-Effekt
1872 Dufour-Effekt
1873 Photoleitung
1875 Kerr-Effekt
Gleichrichter-Effekt
1876 Elektrokapillarität (Lippmann)
magnetoopt. Kerr-Effekt
Sperrschicht-Photo-Effekt
1878 Dorn-Effekt
Rowland-Effekt
1879 Hall-Effekt
Edison-Effekt
Ludwig-Soret-Effekt
1880 Piezo-Effekt
1881 Photoakustischer Effekt,
Michelson-Versuch
1884 Kundt-Effekt
1885 Erstes Seriengesetz für Spektrallinien (J. J. Balmer)
1886 Ettingshausen-Effekt,
Ettingshausen-Nernst-Effekt
Hertz-Effekt, Bauschinger Effekt
1887 Nernst-Effekt, Righi-Leduc-Effekt
Lenard-Hertz-Effekt, Hertz-Effekt
Michelson-Morley-Versuch
1888 Hallwachs-Effekt, Hertz-Effekt
Röntgen-Eichenwald-Versuch
1890 Lenard-Effekt, Hopkinson-Effekt
1892 Lenard-Effekt
1893 Pockels-Effekt
1894 Selektiver Photo-Effekt
1895 Entdeckung der Röntgenstrahlen (W. C. Röntgen)
1896 Zeeman-Effekt
Entdeckung der Radioaktivität (H. Becquerel)
1898 Voigt-Effekt, Macaluso-Corbino-Effekt
1900 Rayleigh-Streuung
Quantenhypothese (M. Planck)
1901 Nachweis des Lichtdruckes (Lebedew)
1902 Majorana-Effekt
1903 Thomson-Streuung, Haut-Effekt
Trouton-Noble-Versuch
1905 Stark-Doppler-Effekt (optischer Doppler-Effekt)
Spezielle Relativitätstheorie (A. Einstein)
Photonenmodell des Lichtes (A. Einstein)
1906 Barotropisches Phänomen
J. Becquerel-Effekt

1907 Cotton-Mouton-Effekt
1908 Mie-Effekt
α-Strahlung als Heliumkerne erkannt (E. Rutherford)
Abkühlungs-Effekt
1910 Knudsen-Effekt
1911 Beck-Effekt, Corbino-Effekt
Supraleitungs-Effekt
Richardson-Effekt
Smoluchowski-Effekt
Lichtablenkung
Atommodell v. Rutherford
1912 Debyesche-Effekte, Laue-Effekt
Paschen-Back-Effekt
1913 Onnes-Effekte (Kamerlingh-Onnes), Stark-Effekt
Frank-Hertz-Versuch, Sagnac-Effekt
Atommodell von N. Bohr
Bestimmung der elektrischen Elementarladung (R. A. Millikan)
1915 Barnett-Effekt
Einstein-De Haas-Effekt
Allgemeine Relativitätstheorie (A. Einstein)
1916 Benedicks-Effekte, Dissymetrie-Effekt
1917 Barkhausen-Effekt
1918 Thirring-Lense-Effekt
Magnetokalorischer Effekt
Schottky-Effekt
1919 Abschirm-Effekt, Barkhausen-Effekt
Eötvös-Effekt, Pohl-Effekt
erste künstliche Kernumwandlung (Rutherford)
Ablenkung von Licht im Gravitationsfeld der Sonne (A. S. Eddington)
1920 Ramsauer-Effekt, Gudden-Pohl-Effekt
1921 Stern-Gerlach-Effekt (Vorschlag)
1922 Brillouin-Effekt
Stern-Gerlach-Effekt
1923 Vorhersage des Raman-Effektes durch Smekal
Langmuir-Effekt
Compton-Effekt
Portevin-LeChatelier-Effekt
Photo-Effekt, innerer
Lossew-Effekt
Welleneigenschaft von Teilchen (L. de Broglie)
1924 Hanle-Effekt
Joffé-Effekt
1925 Entwicklung der Quantenmechanik (W. Heisenberg)
Ausschließungsprinzip (W. Pauli)
Bridgman-Effekt
1926 Auger-Effekt,
Feld-Effekt (Autoelektronenemission)
Franck-Condon-Prinzip
Wellenmechanik (E. Schrödinger)
1927 Wien-Effekt,
Back-Goudsmith-Effekt
Elektronenstrahlinterferenzen (C. J. Davisson, L. H. Germer, G. P. Thomson, A. Reid)
Unbestimmtheitsrelation (W. Heisenberg)
1928 Tunnel-Effekt (G. Gamow)
Debye-Falkenhagen-Effekt
Kikuchi-Effekt
Raman-Effekt
1929 Hubble-Effekt
1930 Weißenberg-Effekt
1931 Dissoziations-Spannungs-Effekt
Dember-Effekt
de Haas-van Alphen-Effekt
1932 Johnson-Rahbeck-Effekt
Entdeckung des Positrons (C. D. Anderson)
Entdeckung des Neutrons (J. Chadwick)
Aufbau der Atomkerne aus Neutronen und Positronen (W. Heisenberg, D. Ivanenko)
1933 Meißner-Ochsenfeld-Effekt
Delbrück-Streuung
1934 Kernphoto-Effekt
Kossel-Effekt
Szilard-Chalmers-Effekt
Čerenkow-Effekt
Photo-Hall-Effekt
Theorie des β-Zerfalls (E. Fermi)
Entdeckung der künstlichen Radioaktivität (I. und F. Joliot Curie)
1935 Vorhersage der Mesonen (H. Yukawa, 1934 Erstveröffentl. in Japan)
Hughes-Effekt
Massenformel (Weizsäcker, Bethe),
Déchene-Effekt
Uehling-Effekt
Schottky-Effekt
1936 Destriau-Effekt
1937 Jahn-Teller-Effekt
Renninger-Effekt

1938 Snoek-Effekt
Kernspaltung (O. Hahn, F. Strassmann)
1939 Heißleiter,
Kirlian-Effekt
1940 Anomaler Haut-Effekt
1942 gesteuerte Kettenreaktion (E. Fermi)
Kirkendall-Effekt
1943 Keim-Effekt
1945 Explosion zweier Atombomben über Hiroshima und Nagasaki
1946 Entwicklung des Transistors
(W. B. Shokley)
1947 Holographie (D. Gabor)
Lambshift
1948 Theorie des Transistors (J. Bardeen, W. H. Brattain)
1949 Suhl-Effekt
1950 Sondheimer-Effekt
Isotopen-Effekt (Supraleitung)
Schoch-Effekt
1951 Foldy-Effekt
Haas-Effekt
1952 Schpolski-Effekt
1953 Overhauser-Effekt
Avalanche-Effekt,
Early-Effekt
1954 Burstein-Effekt
1955 Beobachtung von Anti-Protonen
(O. Chamberlain, E. Segré)
1956 Theorie der Paritätsverletzung bei schwacher Wechselwirkung
(C. N. Yang, T. D. Lee),
Azbel-Kaner-Effekt
1957 Beobachtung der Paritätsverletzung
(C. S. Wu et. al)
1958 Mößbauer-Effekt
Theorie von Maser und Laser
(C. H. Townes, N. Basow, A. Prochorow),
Größen-Effekte,
Franz-Keldysh-Effekt
Formulierung der V-A-Theorie der schwachen Wechselwirkung
(E. C. G. Sudarshan, R. Marshak, M. Gell-Mann, R. Feynman)
1960 Laser (T. H. Maiman)
Elektron-Tunnel-Effekt
Pound-Rebka-Experiment
1961 Symmetrie von Baryonen und Mesonen
(M. Gell-Mann, Y. Ne'eman)
Böschungs-Effekt
1962 Josephson-Effekte,
Gantmacher-Effekt,
Kirk-Effekt
Selbstfokussierung
1963 Berremann-Effekt
Gunn-Effekt
1964 Kondo-Effekt
Experimenteller Nachweis der CP-Verletzung
1966 Ovshinsky-Effekte
1967 Magnetischer Speicher-Effekt (Bobeck)
1968 Emitter-Dip-Effekt
Ovshinsky-Effekte
1969 Fano-Effekt
1971 Schadt-Helfrich-Effekt
Hafele Keating Experiment
1972 Memory-Effekt
Rehbinder-Effekt
1973 Entdeckung der neutralen schwachen Ströme (Faissner)
1974 Entdeckung der engen Resonanzen
(J-oder Ψ-Teilchen; Ting, Richter)
1975 Wiegand-Effekt
1976 Memory-Effekt
Schalt-Effekt
1980 v. Klitzing-Effekt

Literatur

Lehrbücher/Monographien

[1] ABRIKOSSOW, A. A.: *Einführung in die Theorie normaler Metalle* (J. MERTSCHING, Hrsg.). Vieweg, Braunschweig 1977.

[2] AUTH, J., GENZOW, D., und HERMANN, K. H.: *Photoelektrische Erscheinungen.* Vieweg, Braunschweig 1977.

[3] BECKER, R., und SAUTER, F.: *Theorie der Elektrizität,* Bd. 3. Teubner, Stuttgart 1969.

[4] BECKER, R., und DÖRING, W.: *Ferromagnetismus.* Springer, Berlin 1939.

[5] BERBER, J., KACHER, H., und LANGER, G.: *Physik in Formeln u. Tabellen.* Verlag Handwerk und Technik, Hamburg 1975.

[6] BERGMANN, L., und SCHAEFER, C.: *Lehrbuch der Experimentalphysik.* Walter de Gruyter, Berlin.

[6a] BERGMANN/SCHAEFER: Band 1, 9. Aufl. 1974.

[6b] BERGMANN/SCHAEFER: Band 2, 6. Aufl. 1974.

[6c] BERGMANN/SCHAEFER: Band 3, 7. Aufl. 1978.

[6d] BERGMANN/SCHAEFER: Band 4, 1975.

[7] BETHGE, K.: *Quantenphysik.* Bibliographisches Institut, Mannheim 1978.

[8] BERGH, A., und DEAN, P.J.: *Lumineszenzdioden.* Hüthig, Heidelberg 1976.

[9] BORN, M.: *Optik.* 3. Aufl. Springer, Berlin-Heidelberg 1972.

[10] BORN, M.: *Die Relativitätstheorie Einsteins.* 5. Aufl. Springer, Berlin-Heidelberg-New York 1969.

[11] BUCKEL, W.: *Supraleitung.* 2. Aufl. Physik Verlag, Weinheim 1977.

[12] BUTLER, J. A. V.: *Electrical Phenomena at Interfaces.* Methuen, London 1951.

[13] BURCHAM, W. E.: *Elements of Nuclear Physics.* Longman, Harlow 1979.

[14] DAUTCOURT, G.: *Relativistische Astrophysik.* Vieweg, Braunschweig 1972.

[15] ENGELHAGE, D., und DALLWITZ, L.: *Grundlagen supraleitender elektronischer Bauelemente und Schaltungen.* Akadem. Verlagsgesellschaft, Leipzig 1978.

[16] FLEISCHMANN, R.: *Einführung in die Physik.* 2. Aufl. Physik Verlag, Weinheim 1980.

[17] FINKELNBURG, W.: *Einführung in die Atomphysik.* 11./12. Aufl. Springer, Berlin-Heidelberg-New York 1976.

[18] FELDKELLER, E.: *Dielektrische und magnetische Materialeigenschaften.* Bd. I. und II. Bibliographisches Institut, Mannheim 1974.

[19] FERETTI, M.: *Laser, Maser, Hologramme.* Franzis, München 1977.

[20] FRITSCH, G.: *Transport.* Akademische Verlagsgesellschaft, Leipzig 1979.

[21] GENZEL, L.: *Die feste Materie.* Umschau Verlag, Frankfurt 1973.

[22] GRIMSEHL, B. G.: *Lehrbuch der Physik.* Teubner, Leipzig.

[22a] GRIMSEHL, Bd. 1, 1977.

[22b] GRIMSEHL, Bd. 2, 1980.

[22c] GRIMSEHL, Bd. 3, 1978.

[22d] GRIMSEHL, Bd. 4, 1975.

[23] DE GROOT, S. R.: *Thermodynamik irreversibler Prozesse.* Bibliographisches Institut, Mannheim 1960.

[24] HAMANN, C. R., und VIELSTICH, W.: *Elektrochemie I und II.* Verlag Chemie, Weinheim 1975 und 1981.

[25] HAUSSÜHL, S.: *Kristallgeometrie.* Verlag Chemie, Weinheim 1979.

[26] HECK, C.: *Magnetische Werkstoffe und ihre technische Anwendung.* Hüthig, Heidelberg 1975.

[27] HELLWEGE, K.-H.: *Einführung in die Festkörperphysik.* Springer, Berlin-Heidelberg-New York 1976.

[28] HESSE, K.: *Halbleiter I.* Bibliographisches Institut, Mannheim 1974.

[29] HUANG, D.: *Statistische Mechanik,* Bd. I, II und III. Bibliographisches Institut, Mannheim 1964.

[30] JUSTI, E.: *Leitfähigkeit und Leitungsmechanismus fester Stoffe.* Vandenhoeck & Ruprecht, Göttingen 1948.

[31] KAMPCZYK, W., und RÖSS, E.: *Ferritkerne.* Siemens AG, Berlin 1978.

[32] KARPMANN, V. I.: *Nichtlineare Wellen in dispersiven Medien.* Vieweg, Braunschweig 1977.

[33] KIEMLE, H., und RÖSS, E.: *Einführung in die Technik der Holographie.* Akadem. Verlagsgesellschaft, Leipzig 1969.

[34] KNELLER, E.: *Ferromagnetismus.* Springer, Berlin-Heidelberg-New-York 1962.

[35] KORTÜM, G., und LACHMANN, H.: *Einführung in die chemische Thermodynamik.,* 6. Aufl. Verlag Chemie, Weinheim, und Vandenhoeck & Ruprecht, Göttingen 1981.

[36] KRESTEL, E. (Hrsg.): *Bildgebende Systeme für die medizinische Diagnostik.* Siemens AG, Berlin 1980.

[37] LAMBECK, M.: *Barkhausen-Effekt und Nachwirkung in Ferromagnetika.* Walter de Gruyter, Berlin 1971.

[38] LANDAU, L., und LIFSCHITZ, E.: *Lehrbuch der Theoretischen Physik.* Akademie-Verlag, Berlin.

[38a] LANDAU/LIFSCHITZ, Bd. 1, 1979.

[38b] LANDAU/LIFSCHITZ, Bd. 2, 1977.

[38c] LANDAU/LIFSCHITZ. Bd. 3, 1978.

[38d] LANDAU/LIFSCHITZ, Bd. 4, 1979.

[38e] LANDAU/LIFSCHITZ, Bd. 5, 1978.

[38f] LANDAU/LIFSCHITZ, Bd. 6, 1978.

[38g] LANDAU/LIFSCHITZ, Bd. 7, 1977.

[38h] LANDAU/LIFSCHITZ, Bd. 8, 1974.

[38i] LANDAU/LIFSCHITZ, Bd. 9, 1980.

[39] VON LAUE, M.: *Geschichte der Physik.* Ullstein, Berlin 1966.

[40] VON LAUE, M.: *Die Relativitätstheorie.* Bd. I und II. Vieweg, Braunschweig 1965.

[41] LEIGHTON, R. B.: *Principles of Modern Physics.* McGraw Hill, London 1959.

[42] LETOCHOW, W. S.: *Laserspektroskopie.* Vieweg, Braunschweig 1977.

[43] LINDNER, H.: *Grundriß der Festkörperphysik.* Vieweg, Braunschweig 1979.

[44] LYNTON, E. A.: *Supraleitung.* Bibliographisches Institut, Mannheim 1966.

[45] MATOSSI, F.: *Der Raman-Effekt.* Vieweg, Braunschweig 1959.

[46] MAYER-KUCKUK, T.: *Atomphysik.* Teubner, Stuttgart 1977.

[47] MAYER-KUCKUK, T.: *Kernphysik.* Teubner, Stuttgart 1979.

[48] KLEEN, W., und MÜLLER, R.: *Laser.* Springer, Berlin-Heidelberg-New York 1969.

[49] MIERDEL, G.: *Elektrophysik.* Hüthig, Heidelberg 1977.

[50] *Müller-Pouiletts Lehrbuch der Physik,* Bd. 1 bis Bd. 5 (14 Teile), 11. Aufl. Vieweg, Braunschweig 1924 – 1934, Bd. I bis III, 9. Aufl. 1888 – 1902.

[51] NEUFELDT, S.: *Chronologie Chemie 1800 – 1970.* Verlag Chemie, Weinheim 1977.

[52] ORTON, J. W.: *Gunn-Effekt-Halbleiter.* Hüthig, Heidelberg 1973

[52a] PAUFLER, P., und SCHULZE, G. E.: *Physikalische Grundlagen mechanischer Festkörpereigenschaften.* Vieweg, Braunschweig 1978.

[53] PAUL, R.: *Halbleiterphysik.* Hüthig, Heidelberg 1975.

[54] POGGENDORF, D.: *Bibliographisches Wörterbuch zur Geschichte der exakten Wissenschaften,* Bd. I (Leipzig 1863) bis Bd. VIIb. Akademie-Verlag, Berlin.

[55] RAMSAUER, C.: *Grundversuche der Physik in historischer Darstellung.* Springer, Berlin 1953.

[56] RÖSS, D.: *Laser und Lichtoszillatoren.* Akadem. Verlagsgesellschaft, Leipzig 1966.

[57] ROSENBERGER, D.: *Technische Anwendung des Lasers.* Springer, Berlin-Heidelberg-New York 1975.

[58] SACHSE, H.: *Ferroelektrika.* Springer, Berlin 1956.

[59] SEXL, R. U., und URBANTKE, H. K.: *Gravitation und Kosmologie.* Bibliographisches Institut, Mannheim 1975.

[60] SOMMERFELD, A.: *Atombau und Spektrallinien,* Bd. I und II. Vieweg, Braunschweig 1978.
[61] SOMMERFELD, A.: *Vorlesungen über Theoretische Physik.* Bd. 1 bis 6. Akadem. Verlagsgesellschaft, Leipzig 1978.
[62] SCHRÖDER, H., und SCHULTE, C.: *Elektrische Leitungsvorgänge* (F. BERGMANN, H. SCHRÖDER, Hrsg.). Diesterweg/Salle/Sauerländer, Frankfurt 1979.
[63] SPENKE, E.: *Elektronische Halbleiter.* Springer, Berlin-Heidelberg-New York 1965.
[64] STAHL, K. J., und MIOSGA, G.: *Infrarottechnik.* Hüthig, Heidelberg 1980.
[65] TEICHMANN, H.: *Halbleiter.* Bibliographisches Institut, Mannheim 1961.
[66] TEICHMANN, H.: *Einführung in die Atomphysik.* 3. Aufl. Bibliographisches Institut, Mannheim 1966.
[67] WEBER, H., und HERZIGER, G.: *Laser. Grundlagen und Anwendungen.* Physik Verlag, Weinheim 1972.
[68] URLAUB, J.: *Röntgen-Analyse.* Siemens AG, Berlin 1974.
[69] WESTPHAL, W. H.: *Physik.* Springer, Berlin-Heidelberg-New York 1970.
[70] WEITZEL, W.: *Lehrbuch der Theoretischen Physik I und II.* Springer, Berlin 1955/1958.
[71] ZIMAN, J. M.: *Prinzipien der Festkörpertheorie.* Harri Deutsch, Frankfurt 1975.

Lexika, Handbücher

[72] *Lexikon der Physik.* Bd. 1 bis 10. Deutscher Taschenbuch Verlag, München 1970.
[73] *Lexikon der Physik.* (H. FRANKE, Hrsg.). Francksche Verlagsbuchhandlung, Stuttgart 1950.
[74] *Meyers Lexikon der Physik.* Bibliographisches Institut, Mannheim 1973.
[75] *Fachlexikon abc Physik.* Harri Deutsch, Frankfurt 1974.
[76] *Physikalisches Wörterbuch.* Springer, Berlin 1952.
[77] *Physikalisches Handwörterbuch.* Springer, Berlin 1924.
[78] *Physikalisches Taschenbuch.* Vieweg, Braunschweig 1976.
[79] *Atlas zur Atomphysik.* Deutscher Taschenbuch Verlag, München 1976.
[80] *Atlas zur Astronomie.* Deutscher Taschenbuch Verlag, München 1973.
[81] *Herder Lexikon der Physik.* Herder, Freiburg 1979.
[82] *Herder Lexikon für Naturwissenschaftler.* Herder, Freiburg 1979.
[83] RINT, C. (Hrsg.): *Handbuch für Hochfrequenz- und Elektrotechniker.* 1. Aufl., Bd. 1 bis 8. Hüthig & Pflaum, Heidelberg 1949 – 1969.
[84] RINT, C. (Hrsg.): *Handbuch für Hochfrequenz- und Elektrotechniker.* 12., 13. Aufl., Bd. 1 bis 5. Hüthig & Pflaum, München 1978 – 1981.
[85] RINT, C.: *Lexikon d. Hochfrequenz-, Nachrichten- und Elektrotechnik.* Bd. 1 – 5. Porta, München 1957 – 1961.
[86] GEIGER, H., und SCHEEL, K. (Hrsg.): *Handbuch der Physik.* Springer, Berlin 1926 – 1936.
[87] FLÜGGE, S. (Hrsg.): *Handbuch der Physik.* Springer, Berlin-Heidelberg-New York 1955 – 1976.
[88] WIEN, W., und HARMS, F.: *Handbuch der Experimentalphysik. Bd.* 11, 2. Akadem. Verlagsgesellschaft, Leipzig 1935.
[89] WIEN, W., und HARMS, F.: *Handbuch der Experimentalphysik.* Bd. 16, 1. Akadem. Verlagsgesellschaft 1936.
[90] *Kleine Enzyklopädie Atom.* Verlag Chemie, Weinheim 1970.
[91] *Lexikon Elektronik.* Verlag Chemie, Weinheim 1978.
[92] *Handbuch der Elektronik.* Franzis, München 1979.
[93] *abc Optik.* Dausien, Hanau 1972.